APERÇU

SUR

LES EAUX SULFUREUSES

ET EN PARTICULIER

SUR CELLES

DE

St-SAUVEUR,

PAR

Le Docteur A. FABAS fils.

TARBES,

TYPOGRAPHIE DE LAVIGNE.

—1859.—

APERÇU

SUR

LES EAUX SULFUREUSES

ET EN PARTICULIER

SUR CELLES

DE

St-SAUVEUR,

PAR

Le Docteur A. FABAS fils.

TARBES,

TYPOGRAPHIE DE LAVIGNE.

— 1859. —

APERÇU

SUR

LES EAUX SULFUREUSES,

ET EN PARTICULIER

SUR CELLES

DE SAINT-SAUVEUR,

Par le Docteur A. FABAS fils.

———————

Les ouvrages que nous possédons sur les eaux thermales sulfureuses, parlent si superficiellement des
vertus de chacune d'elles, qu'il est presque impossible
à un médecin qui n'a pu observer les résultats qu'on
obtient par leur usage, de savoir sur quelle source
il doit de préférence diriger les malades, et il se
trouve ainsi privé d'un agent thérapeutique dont il
retirerait d'immenses avantages.

Ayant par ma position eu la facilité d'observer les
effets produits par les eaux de St-Sauveur, et pu consulter le recueil de ceux observés par mon père, médecin-inspecteur de cet Établissement depuis plus de
trente ans, j'ai entrepris ce travail, dans lequel je
tâcherai de déterminer les cas pathologiques qu'on
peut combattre par leur usage.

Ce n'est pas par la connaissance des différents corps
qui concourent à la formation des sources minérales
sulfureuses qu'on peut toujours se rendre compte de
leur mode d'action. La chimie nous a presque démon-

tré qu'elles sont le résultat de la combinaison de telles et telles substances. Un composé de ces divers ingrédients, dans les proportions semblables à celles obtenues par l'analyse, devrait donner un agrégat jouissant des mêmes propriétés que celui que nous fournit la nature : les bains préparés dans les laboratoires produiraient par conséquent les mêmes effets que ceux des sources.

Qu'observe-t-on pourtant sur l'usage des bains artificiels de Baréges tant employés aujourd'hui? Un seul praticien pourrait-il produire une cure opérée par ces derniers, presque miraculeuse et pareille aux nombreuses qu'on obtient chaque année dans cet Établissement thermal des Pyrénées, dont on veut avoir trouvé la contrefaçon? Le chimiste doit encore ignorer la vraie composition des eaux sulfureuses. Quelque chose échappe à ses investigations, et ce quelque chose, il ne pourra jamais le remplacer dans ses préparations.

Et de plus, ne faut-il pas accorder une certaine influence aux gaz qui se dégagent des eaux naturelles? ces gaz, si le préparateur pouvait les produire dans les eaux artificielles, comment en provoquerait-il le dégagement analogue à celui qui se fait dans les eaux naturelles; et, par suite, de manière à ce qu'ils pussent agir sur les parties du sujet qui se baigne de la même manière que les premiers?

La vertu que les sources sulfureuses doivent à la présence des gaz, les eaux sulfureuses artificielles ne peuvent la posséder, pas plus que les naturelles qui, lorsqu'elles ne jouissent pas d'une température assez élevée, doivent être chauffées avant de les employer.

A l'appui de cette action qu'il faut attribuer aux gaz, sans égard pour leur composition et en tant que gaz seulement, je reproduis un passage de l'ouvrage de mon grand-père [1], où il parle de la manière d'agir de ces corps, qu'il appelle vapeurs sèches. Après avoir cité les désordres qu'ils causeraient s'ils étaient absorbés, il dit :

« Leur effet n'a donc lieu que sur la surface du
» corps ou celle de la partie exposée à leur action :
» ce sont des émanations, ou plutôt un souffle qui
» s'étend en tous sens, qui frappe le corps et dispa-
» raît pour être remplacé par d'autres. De ce choc
» toujours renaissant, de ce brossement léger, mais
» continuel, résulte une impression de mouvement
» sur les houppes nerveuses : celles-ci sont titillées,
» agréablement agacées, et communiquent leur état
» d'excitement au reste du système, d'après les lois
» connues de l'économie animale. »

L'analyse nous a démontré la présence des mêmes corps constituants dans les eaux sulfureuses des Pyré-nées : faut-il, d'après cela, attribuer leur variété d'ac-tion à la disproportion parfois si minime de ces mêmes corps, ou bien à la différence de température? Il se-rait certainement absurde d'établir une dissimilitude totale entre tous les effets produits par chacune d'elles ; il faut leur accorder des propriétés communes à un degré d'activité plus ou moins fort, mais il ne faut pas leur refuser une certaine spécialité que l'observa-

[1] *Observations* sur la source thermale de St-Sauveur par Fabas, inspec-teur, 1808.

tion a révélée, et dont le raisonnement chercherait en vain la cause. Voilà probablement pourquoi on trouve beaucoup de médecins qui leur refusent toute vertu plus spéciale à l'une qu'aux autres, et qui conseillent aux malades, de quelque nature que soit leur affection, l'usage d'une source quelconque; d'autres qui leur prescrivent des bains à prendre dans deux, trois ou quatre établissements thermaux, pendant quinze jours dans chacun. C'est ainsi qu'il arrive parfois qu'un malade, esclave de l'ordonnance de son médecin, abandonne une source, dont il commençait à ressentir les effets salutaires, pour un autre qui lui est souvent contraire. Et le discrédit des sources dont il a fait usage, et qui lui étaient mal prescrites, est la seule chose qu'il rapporte lorsqu'il va retrouver son médecin.

Le seul moyen pour guider un praticien serait d'établir des règles à peu près fixes, qui pussent faire connaître dans quels cas il doit ordonner à ses malades, d'abord telle classe d'eaux sulfureuses, et, dans cette classe, telle source plutôt que telle autre. Ces règles, je crois, se trouveraient sans difficulté, si chaque médecin-inspecteur ne voulait faire des eaux qu'il dirige, le remède à tous les maux qui affligent l'humanité [1].

---

[2] Tous les ans, les inspecteurs des établissements de bains doivent fournir un rapport. Ce rapport contient les observations des maladies qu'ils ont eu à traiter. Ils sont envoyés à l'Académie impériale de médecine. Une commission spéciale les examine et nous donne plus tard un résumé général qui, malgré tout le bon vouloir et la haute intelligence qui distingue ses membres, n'empêche pas l'homme de l'art de se fourvoyer dans le choix de la source à prescrire. Comment en serait-il autrement? Pour les sources de même nature et ne

N'ayant eu la faculté d'observer que les effets produits par les eaux de Baréges et de St-Sauveur, j'énoncerai plus loin deux principes qui me semblent pouvoir servir à caractériser la généralité des cas pathologiques auxquels elles conviennent l'une ou l'autre. L'action des deux sources connue, on est réellement surpris comment des praticiens, même distingués, ordonnent parfois les bains de Baréges, et, après ceux-ci, les bains de St-Sauveur, ce qui est un contresens évident.

St-Sauveur, ses Eaux, etc.

St-Sauveur est un petit bourg situé à l'angle occidental du triangle formé par la petite plaine de

---

différant que du plus ou moins de principes constituants, je suis persuadé que les observations consignées dans les rapports des divers inspecteurs, sont identiquement les mêmes. Il faut cependant qu'il existe une différence.

Le moyen d'arriver à la connaissance, aussi exacte que possible et suffisante, de la source à prescrire contre telle et telle maladie, et d'empêcher que ce soient désormais le plus ou moins de relations qui fasse la vogue, mais bien les vertus thérapeutiques reconnues à une eau, serait facile à trouver, si l'on voulait, pour arriver à ce but, mettre autant de bon vouloir qu'on en a mis et qu'on en met pour connaître l'analyse chimique.

Aussi, ma conviction est que, si l'on voulait étudier consciencieusement les effets produits par la compression atmosphérique, l'exposition et les courants sur les sujets malades qui se rendent dans nos stations thermales qui toutes présentent une différence de niveau par rapport à la mer, on arriverait immédiatement à déterminer les spécialités de chaque source.

Cela fait, nous n'entendrons plus des paroles malveillantes contre l'hydrothérapie sulfureuse. Mais fallait-il être surpris, lorsque au sein même de l'Académie de médecine, on a qualifié les sources thermales d'*appât frauduleux?* Tant il est vrai que les effets les plus naturels et les plus évidents sont contestés par les plus éminents dans la science; expérience parfois passe science! vieux proverbe, surtout vrai dans la question qui nous occupe.

Luz : son élévation est de 770 mètres supérieure au niveau de la mer. Il ne comprend qu'une seule rue formée par deux rangées de maisons : les unes adossées contre la montagne d'où jaillit la source, les autres suspendues, pour ainsi dire, au dessus du Gave de Gavarnie, qui roule à une profondeur de 250 pieds environ.

On ne sait trop à quelle époque rapporter la découverte de la source de St-Sauveur. Bien avant la construction d'un établissement, les habitants de la vallée, qui semblaient avoir pour ces eaux une certaine prédilection sur celles de la source de Baréges, se baignaient dans une espèce de piscine, pour mieux dire, de réservoir creusé dans le roc où elles venaient se jeter. Les magistrats de la vallée, témoins des cures opérées, firent enfin construire des cabinets de bains forts incommodes et en très-petit nombre ; car, à cette époque, toute leur attention était tournée vers Baréges, dont la réputation était déjà faite.

Long-temps encore ces baignoires ne reçurent d'autres malades que les Barégeois. Il fallut la cure de l'abbé de Bézégua, professeur de l'Université de Pau, pour que les eaux de St-Sauveur acquissent une réputation capable d'appeler des étrangers.

Atteint depuis long-temps de souffrances continuelles à la régions des reins et sur le trajet des urétères, l'abbé de Bézégua, s'était rendu à Barèges, où il espérait que les eaux triompheraient de sa maladie. Mais ses douleurs étant devenues plus intenses dès les premiers jours qu'il en fit usage, il descend à

Luz, et de là il se fait porter à St-Sauveur pour prendre des bains qui, en peu de temps, le soulagèrent considérablement, et finirent même par le délivrer de son affection néphrétique. Reconnaissant et enthousiaste, il écrit un mémoire sur la vertu lithontriptique de cette source sulfureuse, il prône partout le résultat inespéré qu'il a obtenu; et c'est depuis cette époque que nous avons vu, chaque année, un plus grand concours de baigneurs, et des maisons magnifiques s'élever pour les recevoir.

L'établissement thermal de St-Sauveur ne possède qu'une seule source qui fournit 144 mètres cubes d'eau dans les 24 heures. Elle alimente une douche, seize baignoires et une buvette. L'eau en est claire, limpide, onctueuse au goût et au toucher. Lorsqu'on l'expose à l'air, il se fait un dégagement considérable de gaz, et elle finit par perdre son odeur et sa saveur ; ce dégagement de gaz est d'autant plus considérable qu'on la puise plus près de l'endroit où elle jaillit. Prise au griffon, elle présente presque de l'effervescence.

La sensation de matière grasse qu'elle produit au toucher est occasionnée par la grande quantité de barégine ou glairine [1] qui s'y trouve en suspension. C'est cette matière qui doit aussi lui donner cette vertu tempérante qu'elle possède à un si haut degré.

Je ne puis m'empêcher de parler ici d'un phénomène physique assez surprenant que j'ai trouvé consigné dans l'ouvrage de mon grand-père, et dont l'ex-

---

[1] Matière organique dont la composition est inconnue, et qui se présente sous forme de flocons grisâtres.

plication ne peut se donner, comme il l'a fait, qu'en supposant que cette matière organique, répandue en si grande quantité dans les eaux de St-Sauveur, fasse que ces dernières se comportent de la même manière que le liquide oléagineux.

« Les eaux minérales, dit-il, perdent à l'air libre
» plus ou moins vite leurs principes volatils, à pro-
» portion du calorique qui les anime; ainsi les eaux
» les plus chaudes à la source sont celles qui se vo-
» latilisent le plus tôt; d'après quelques expériences,
» une bouteille d'eau de la douche de Baréges, ex-
» posée à l'air libre, est sans goût et sans odeur quel-
» ques minutes avant celle de St-Sauveur soumise à
» la même épreuve. Il est encore certain que cette
» dernière, quoique moins chaude que celle de Ba-
» réges, se refroidit plus lentement que celle-ci. »

Les eaux de St-Sauveur, pendant longues années, n'ont presque été employées qu'à l'extérieur. Mon père lui-même, ayant adopté les idées de ses prédé-cesseurs, ne les ordonnait que bien rarement à l'in-térieur, les premières années de son inspection. La raison qu'on n'employait pas l'eau de cette source en boisson, n'était autre que la difficulté, parfois l'im-possibilité qu'éprouvent la généralité des malades pour la digérer. Cette difficulté d'où provient-elle? Est-ce sa température qui est trop élevée et trop basse en même-temps? L'eau autrement a une condition qui doit faciliter la digestion : elle est très gazeuse. Ou bien est-ce la grande quantité de barégine qu'elle contient? Que ce soit l'une ou l'autre de ces circonstances, ou

mieux les deux réunies, l'expérience a démontré qu'on
peut cependant accoutumer l'estomac à sa présence
sans trouble aucun, et parvenir insensiblement à lui
en faire opérér la digestion. Pour atteindre ce but,
il faut la prescrire coupée avec du lait ou une tisane
appropriée, et en quantité proportionnée à la difficulté de digestion qu'éprouve le malade lorsqu'il la
prend pure.

A l'extérieur, les eaux de St-Sauveur s'emploient
en bains, douches, injections et lotions, comme celles
des sources sulfureuses en général.

Avant la reconstruction de l'Établissement, on ne
comptait à St-Sauveur qu'une douche et une douzaine
de bains qui portaient les noms de bains de la Châtai-
gneraie, de Bézégua, de la Chapelle et de la Terrasse.
Aujourd'hui, il n'y a plus de distinction, mais on a cependant aménagé l'eau de manière à retrouver les
diverses températures des anciens compartiments.

Avant l'année 1850 encore, époque de laquelle date
le nouvel établissement, on ne possédait à St-Sauveur
qu'un appareil de douche, composé comme ceux
qu'on trouve partout, d'un robinet simple, auquel on
pouvait adapter des allonges dont les formes varient
suivant qu'on veut modifier le jet de l'eau. Cet appareil, qui sert à administrer les douches qu'on appelle
descendantes, a été conservé jusqu'à ces dernières années; mais on l'a tout-à-fait abandonné, les résultats
qu'on en obtenait dans les mêmes cas pathologiques,
ne différant pour ainsi dire pas de ceux qu'on obtient
du choc de l'eau coulant par les robinets des baignoires.

Les heureux effets produits par des injections faites dans le bain même à l'aide de seringues donnèrent l'idée des avantages qu'on pourrait obtenir d'un autre appareil connu qui sert à donner des douches qu'on appelle ascendantes. Pour les injonctions à faire dans le vagin ou le rectum, lorsqu'ils sont le siége de certaines affections, il a un avantage incontestable sur tous les instruments dont on pourrait se servir, en ce que, comme dans ceux-ci, on peut non-seulement varier l'intensité du jet, mais obtenir encore un jet continu et toujours uniforme, la force d'impulsion étant constamment la même. Cet appareil est formé d'après le principe des vases communiquants. Il se compose d'un cylindre creux en cuivre, armé d'une clef de robinet à sa partie supérieure. La longueur de ce tube est de 2^m, 02^c. Il part du niveau de la source, descend perpendiculairement jusqu'au sol, où il se recourbe à angle droit; il mène l'eau d'une hauteur de 1^m, 75^c; la partie qui vient après la courbure est parallèle au sol; à son extrémité, recourbée encore à angle droit, se trouve un pas de vis auquel s'adaptent des allonges en cuivre de formes très-variées. Pour faire les injections vaginales, et rectales on se sert de canules en gomme élastique.

Analyse et comparaison

des *Eaux de Baréges et de St-Sauveur*.

—

Le résultat de l'analyse de ces deux sources faite par Longchamp [1], donne par litre,

CELLE DE BARÉGES :		CELLE DE ST-SAUVEUR :	
Azote..............	0,004.	Azote..............	0,004.
Sulfure de Sodium....	0,042,100.	Sulfure de Sodium....	0,025,360.
Sulfate de Soude.....	0,050,040.	Sulfate de Soude.....	0,038,680.
Chlorure de Sodium...	0,040,050.	Chlorure de Sodium...	0,073.598.
Silice..............	0,067,826.	Silice..............	0,050,710.
Chaux.............	0,002,902.	Chaux.............	0,004,844.
Magnésie..........	0,000,344.	Magnésie..........	0,000,242.
Soude Caustique.....	Traces.	Soude Caustique.....	0,005,204.
Barégine.......... ⎱		Potasse caustique.... ⎱	Traces
Ammoniaque ...... ⎰	0,208,364.	Barégine.......... ⎰	—
		Ammoniaque.......	0,195,638.

D'après ces analyses, on voit que les substances qui concourent à la formation de l'eau de ces deux sources, sont identiques, avec une certaine différence de proportion. La température de la source la plus chaude de Baréges est de 42° centigrades; celle de la source de St-Sauveur est de 34°, 50 centigrades.

N'ayant pas d'autres données, quelle opinion se formerait un médecin? Pourrait-il se figurer leur variété d'action? Supposerait-il qu'un malade obtient, par l'usage de l'une, un bien considérable, parfois presque instantané, tandis que, par l'usage de l'autre, il obtiendra des effets lents, nuls, parfois même il aggravera son état; et cela dans le même genre d'affections? Les sujets atteints de rhumatismes chroniques,

—

[1] Annuaire de 1831.

d'affections herpétiques anciennes, si avantageusement traités par les eaux de Baréges, offrent assez
souvent des cas contre lesquels celles-ci sont impuis-
santes, alors que celles de St-Sauveur en triompheront
très-facilement [1]. Aussi, je ne saurais trop le répéter,
combien de malades après deux, trois mois de séjour
aux bains sans amélioration notable dans leur état,
partent d'un établissement thermal, déçus de leurs es-
pérances, lorsque le voisin les eût guéris peut-être,
mais toujours considérablement soulagés.

Des faits semblables, qui sont malheureusement
trop fréquents, nous démontrent que les médecins
devraient, comme lorsqu'ils veulent employer tout
autre agent thérapeutique, consulter la constitution,
le tempérament, l'âge de l'individu, et, d'après cet
examen, choisir la source qui leur semblerait le mieux
en rapport avec lui. Cette conduite serait certainement adoptée si on ne voulait absolument regarder
les eaux comme un moyen curatif tout-à-fait illusoire :
idée préconçue, erreur que les résultats détruiront;
car, aujourd'hui, nous voyons déjà des malades sérieux
dans les établissements qu'on considérait primitivement
sous le point de vue seul des distractions qu'on y
trouvait.

Les régles que je déduis des observations que j'ai
pu faire sur les effets des deux sources qui nous occupent, sont en général, qu'elles que soient, d'ailleurs,
les affections :

---

[1] Les eaux de Baréges contiennent cependant une plus grande quantité de
matières sulfureuses que celles de St-Sauveur, et le soufre est regardé comme
le principe agissant contre ce genre d'affections.

Un individu à fibre lâche, chez lequel la lymphe prédominera, obtiendra de bons résultats à Baréges ;

Un individu, au contraire, à fibre serrée, et chez lequel l'élément nerveux prédominera, aura tout à espérer des eaux de St-Sauveur.

Propriétés reconnues aux Eaux de St-Sauveur.

Il ne suffit pas, pour caractériser les diverses propriétés des eaux sulfureuses, de dresser une statistique exacte de tout les cas de guérison auxquels elles ont contribué ; il faut accorder aussi dans un grand nombre de cures, leur part aux conditions hygiéniques que présentent presque tous les établissements thermaux des Pyrénées. L'air, la nourriture, les promenades, les émotions agréables que provoque l'aspect du pays, tout est médicamenteux, surtout pour les malades qui viennent des grandes villes. St-Sauveur est sans comparaison l'établissement le plus heureusement situé sous tous les rapports, et où l'hygiène trouve par conséquent le plus d'éléments réunis. Aussi, voit-on de bons effets rapides, souvent inespérés, produits chez les sujets dont la constitution est ruinée, et qui se trouvent dans un état de faiblesse tel qu'on craint parfois de les soumettre même à l'action des bains.

Non-seulement tout ce qui entoure les malades, mais encore les eaux paraissent, dans ces cas, jouir d'une vertu tonique et stimulante très-favorable. Chaque jour, en effet, les médecins du pays ordonnent les bains de St-Sauveur, et en obtiennent les plus heureux résultats, lorsque, après une grave et longue maladie, les organes du sujet, considérablement affaiblis, ne peuvent plus fonctionner avec une énergie proportionnelle aux besoins du convalescent. Depuis que j'exerce la médecine, j'ai toujours conseillé ces bains à mes malades convalescents; je n'ai pas encore eu à m'en repentir. Il faut cependant une surveillance de tous les jours et très-circonspecte de la part du médecin.

Le cercle des maladies cédant à l'action seule des eaux sulfureuses est assez restreint. Ces dernières ne doivent être souvent regardées que comme un secours accessoire qu'on associe avantageusement à d'autres remèdes appropriés. Parfois aussi, elles disposent simplement les organes à recevoir, à élaborer convenablement un médicament qui, sans leur concours, n'eût pas été supporté on n'aurait peut-être pas produit d'effet salutaire.

Mais, pour caractériser les propriétés d'une source sulfureuse, il ne faut avoir égard qu'aux effets, qui provoquent seuls, sans le secours de l'art, la guérison de certaines maladies, quels que soient l'âge, le sexe, le tempérament des malades. L'observation seule a su révéler ces propriétés; et les résultats produits par les eaux de St-Sauveur prouvent qu'elles sont :

1° Vulnéraires détersives;

2° Savonneuses fondantes;

3° Dépuratives;

4° Diurétiques;

5° Lithontriptiques;

6° Antispasmodiques toniques.

(Cette division a été établie par mon grand-père).

N'ayant d'autre but que celui de faire connaître les vertus particulières à la source de St-Sauveur, je ne traiterai pas une à une les diverses propriétés qu'on lui a reconnues et que nous venons d'énumérer. Il en est, parmi elles, certaines que possèdent les autres sources sulfureuses, et qui se présentent, dans celle qui nous occupe, avec un degré d'activité plus faible que dans bien d'autres, que dans celle de Baréges surtout.

Toutes les eaux sulfureuses sont vulnéraires, fondantes, dépuratives. Sous le rapport de ces dernières propriétés, il est des observations curieuses, des effets produits par celles de St-Sauveur, mais pas de remarquables, de surprenants même, pareils à ceux qu'on a pu observer à Baréges. Il n'est pas, en effet, de source qui jouisse, comme cette dernière, de cette supériorité de vertu chaque fois qu'il s'agit de blessures, de désordres occasionnés par des coups de feu, d'ulcères, de fistules et autres lésions resultant d'un vice scrofuleux, chaque fois qu'il faut déterminer une inflammation locale intense, ou établir un travail éliminatoire.

Mais cette activité même des eaux de Baréges nous démontre le danger qu'il y aurait à les employer dans des cas d'ulcérations ou autres lésions externes chez des sujets qui ont une disposition inflammatoire, une sensibilité excessive du système nerveux. Lorsque les malades présentent l'une de ces constitutions, les eaux de St-Sauveur doivent être préférées. La vertu tempérante qui les caractérise fait qu'elles ne risquent

pas d'établir des désordres qui pourraient devenir fu-
nestes. De plus, elles seront toujours bien indiquées
dans les lésions internes comme les engorgements de
certains viscères tels que le foie et la rate, les inflam-
mations chroniques des muqueuses. Parmi ces dernières surtout, nous trouvons les bronchites, maladies
souvent fort difficiles à guérir, et contre lesquelles les
eaux de St-Sauveur agissent si avantageusement que
tous les auteurs d'ouvrages sur les eaux minérales
leur ont accordé cette spécialité. Les effets salutaires
produits par l'eau de St-Sauveur contre les bronchites chroniques, ne sont pour moi que le résultat de
l'aspiration des vapeurs minérales pendant la durée
du bain. Les sujets atteints de gastro-entérites chroniques, affections si rebelles, trouvent parfois aussi leur
guérison à St-Sauveur.

Propriétés particulières aux Eaux de St-Sauveur.

Elles sont antiherpétiques, lithontriptiques et anti-
spasmodiques-toniques.

Vertu antiherpétique.

La barégine, comme nous l'avons vu et prouvé,
contient beaucoup de matière sulfureuse. Partant de
ce fait, il ne sera plus difficile de s'expliquer comment
contre certaines maladies herpétiques, les eaux de St-
Sauveur, quoique moins actives que bien d'autres,
réussissent cependant mieux que ces dernières. Si

nous examinons maintenant les divers modes d'action des sources sulfureuses très-fortes et de celle qui nous occupe, nous trouverons nécessairement une différence totale entre ce qui fait réussir les premières et ce qui fait la vertu antiherpétique de la source de St-Sauveur; donc il faut établir une séparation bien distincte entre les diverses maladies de peau qui peuvent se présenter. Deux affections de ce genre paraissent identiques, et cependant diffèrent beaucoup, non quant au caractère, quant à la cause spécifique, mais quant à la manière dont se montrent les effets produits par cette même cause, suivant la prédisposition, ou mieux suivant le tempérament des sujets affectés.

En formulant mon opinion à propos de l'action des sources sulfureuses, j'ai dit que ces sources, pour agir favorablement, devaient présenter un rapport aussi parfait que possible entre leur degré de chaleur et le tempérament du sujet malade qui doit en faire usage. Je ne chercherai pas à le prouver; il faut le considérer comme une chose incontestable et établie.

Mais, pour prouver la vertu antiherpétique de la source de St-Sauveur, je ne m'appuierai que sur un fait, que tout le monde peut vérifier, et sur l'explication qu'on peut seule donner de ce fait; le voici :

Toutes les personnes malades ou non malades qui ont usé des bains de St-Sauveur pendant plusieurs jours, sont surprises du changement physique que présente la peau sur toute la surface du corps; l'épiderme devient si doux au contact qu'on le dirait humecté d'une substance oléagineuse. Cet état ne se présente seulement pas pendant l'immersion, il se

prolonge après les bains, et insensiblement, au bout
d'un certain temps, cet organe, dans grand nombre
de cas, recouvre son velouté naturel alors qu'il était
devenu âpre, rugueux, fendillé, exfolié. De pareils
résultats ne s'acquièrent jamais à la suite des bains
ordinaires. Par l'usage de ces derniers, la peau, tant
que la transpiration s'effectue ou tant qu'elle est encore humide, est douce au toucher, mais sitôt que
l'évaporation de l'eau qu'elle retenait a eu lieu, et
cette opération n'est pas longue, elle reprend ses caractères antérieurs. Je pourrai mieux choisir ma comparaison, en citant une source sulfureuse qui contien-
drait moins de barégine que celle qui nous occupe; je
ne le fais pas par la seule raison qu'on m'accuserait
inévitablement de partialité; de plus, je n'ai en vue
qu'une seule source et ne veux me faire le détracteur
d'aucune, même de celles à l'aide desquelles on assure
pouvoir remplacer celle dont je m'occupe. La seule
chose que je me permettrai de dire, c'est que la
source de St-Sauveur est celle des Pyrénées qui contient le plus de barégine, et cela sans exception
aucune. Cette particularité ne m'amènera pas à vouloir en faire le remède à tous les maux, ou mieux à
vouloir qu'elle puisse suppléer à toutes les autres, et
me jeter par suite dans les bras du charlatanisme qui,
dans les établissements thermaux, commence à ne pas
être plus bienveillant qu'ailleurs à l'égard de l'humanité; mais bien à donner la raison des effets observés
sur les sujets atteints de maladies psoriques.

Pour arriver à la cause de cette vertu antiherpétique, il suffira de trouver, de découvrir à quoi doit

être attribué cet état que présente la peau d'un sujet qui fait usage des bains de St-Sauveur. A mes yeux cette qualité physique est produite par le contact de la barégine, et entretenue plus tard par le rôle que joue cette même substance.

Ainsi, tant que l'immersion a lieu, cette matière organique se dépose sur les téguments extérieurs, comble, si l'on peut s'exprimer ainsi, toutes les petites fossettes qu'ils présentent, de sorte qu'après le bain et lorsque l'évaporation arrive, l'exhalation ne s'effectue plus aussi rapidement; la couche de barégine est un obstacle qui retient les vapeurs, et les tissus sont ainsi, long-temps encore après le bain, soumis à l'action de l'eau sulfureuse, en sont pour ainsi dire imbibés, et se trouvent, de cette manière, sous l'impression d'un second bain qui toujours doit être salutaire. Aussi, outre les effets produits par les bains, une série continue de pareilles opérations amène nécessairement plus tard d'autres effets avantageux; dans les capillaires sanguins s'établit une circulation plus active, les vaisseaux exhalants fonctionnent mieux, et la régularité de ces deux opérations vitales fait que l'enveloppe extérieure reprend ses caractères normaux.

On comprend, je pense, par ce peu de mots, de quel secours doit devenir ce mode d'agir dans les maladies herpétiques surtout, si, à cette propriété de rétablir la régularité de fonctions dont la peau est l'organe, on joint une des vertus reconnues aux eaux sulfureuses en général, *la vertu vulnéraire*, qui est certes celle qu'on peut le moins leur contester.

Après ce court exposé, résultat des observations

auxquelles je me livre journellement, chaque nouvelle
saison, il ne sera pas inutile de déterminer contre
quel genre de maladies herpétiques les eaux de St-
Sauveur me paraissent favorables.

Dans tous les cas d'affection dartreuse qui réclame-
ront une action dépurative intense, la source de
St-Sauveur sera bien indiquée comme préparation à
une source plus active, si on suppose que cette dernière ne puisse être supportée, dès le début, par le
sujet affecté. Mais, si la peau du malade ne présente
pas les caractères, les signes pathognomoniques d'une
de ces affections invétérées et qui exercent des ravages
sur toute l'économie, si les lésions qu'on y remarque
sont, au contraire, bornées, pas assez avancées pour
faire pour ainsi dire partie de la constitution, et mieux
encore si elles sont idiopathiques, qu'elles proviennent
par suite d'une affection locale, les Eaux de St-Sauveur
seront toujours bien indiquées. Dans ce dernier cas, la
guérison de l'herpès ne peut s'expliquer que par une
série successive de petits effets, produits comme nous
l'avons dit, qui ramènent les téguments à leur état
normal, sans même souvent que la vertu vulnéraire
soit nécessaire.

Ce que j'ai avancé à propos de la source de St-Sauveur, c'est-à-dire qu'elle contient une plus grande
quantité de barégine que les autres sources sulfureuses
des Pyrénées, ne sera pas considéré comme un fait
établi, attendu qu'il est jusqu'ici basé sur ma simple
observation. Dans tous les cas, supposant qu'on prou-
vât qu'une autre source en contient autant et même
plus que celle qui fait le sujet de ce travail, je puis

affirmer que ce ne serait jamais parmi les sources tempérées; et cette circonstance, par suite, ne détruirait
nullement mon assertion sur l'action favorable des
eaux de St-Sauveur contre les affections herpétiques
réclamant des eaux tempérées. Ainsi, pour que les effets se déterminent, soient provoqués, comme nous
l'avons expliqué, à la suite des bains sulfureux, il faut,
outre la grande quantité de barégine, la condition
d'une température pas trop élevée, et la source de St-
Sauveur présente l'un et l'autre de ces moyens d'action. S'il en était autrement, qu'elle eût, par exemple,
une chaleur égale à celle de la source principale de
Baréges, il arriverait indubitablement que la matière
organique déposée sur les téguments extérieurs d'un
sujet pendant l'immersion, ne pourrait plus se comporter de la même manière. Le travail d'expansion
qui s'établirait peu d'instants après le bain empêche-
rait cette substance de se juxta-poser, et quand même
la juxta-position aurait lieu, l'expansion serait trop
forte pour agir de la même manière qu'à la suite d'un
bain tempéré, après lequel il y a toujours un mouvement de concentration assez long pour favoriser cette
juxta-position continue de la glairine, et un travail
expansif modéré.

Il serait inutile, je pense, de chercher ailleurs
d'autres explications; celles que je viens de donner me
rendant compte des effets observés sur des malades atteints d'affections dartreuses. Le peu de mots que j'a-
joute à cet article ne seront que pour mieux préciser
quel est le genre d'herpès contre lequel les eaux de
St-Sauveur agiront toujours avec succès.

Les maladies herpétiques en général, qu'elle qu'en soit d'ailleurs la cause, se divisent en trois grandes catégories suivant qu'elles présentent les caractères hypersthénique, hyposthéniques ou asthéniques. Celles à caractère hypersthénique ne sont nullement du ressort des eaux sulfureuses naturelles. Nous n'avons par conséquent que les herpès à caractère hyposthénique et asthénique dont nous devions nous occuper et auxquels notre hydrothérapie puisse être favorable. Si nous jetons maintenant un regard sur les rapports constants que nous avons dit exister entre les symptômes généraux d'une maladie quelconque et le tempérament du sujet affecté, nous concevrons immédiatement ceux qui doivent exister, sous le rapport thérapeutique, entre une maladie herpétique hyposthénique ou asthénique, et une source tempérée ou élevée en chaleur, calmante ou excitante. La maladie est toujours modifiée ou exacerbée, présente tel ou tel autre accident suivant le tempérament du sujet. Nous pouvons donc dire que le sujet fait la maladie avec des caractères à lui particuliers, et nous rentrons ainsi dans notre principe incontestable que le tempérament du malade doit rendre l'indication du médecin immuable sur le genre de source à prescrire.

D'après cela, on voit bien que les Eaux de St-Sauveur conviennent parfaitement contre les herpès hyposthéniques. Nous avons vu de quelle manière elles agissent. Je veux bien croire que le soufre joue un grand rôle dans le traitement de ces maladies par les sources thermales sulfureuses ; mais, sans vouloir rien enlever du mérite de cet ingrédient , il me sera

permis de ne croire qu'à l'efficacité de tous les ingrédients connus et inconnus, agissant de telle ou telle
manière suivant que la température de la source, et,
par suite, du bain, sera plus ou moins élevée.

Vertu lithontriptique.

La vertu lithontriptique est reconnue aux eaux de
St-Sauveur d'une manière incontestable. La grande
variété de composition des calculs urinaires m'empê-
chera cependant de citer, à l'appui, des observations
convaincantes pour ceux qui n'ont pu voir par leurs
propres yeux. Celles que je reproduirai me paraissent
incomplètes, attendu qu'elles ne donneront pas l'a-
nalyse chimique des matières pulvérulentes et petits
graviers rendus par les malades; et on ne peut pas
admettre que ces eaux aient la propriété de dissoudre
un calcul, ou de détruire la cohésion des molécules
qui le composent, quelle que soit sa nature. Il reste,
par conséquent, une étude fort importante à faire à
ce sujet, indispensable pour bien traiter de la vertu
lithontriptique de cette source. Néanmoins nous es-
saierons de donner l'explication des cas observés que
nous citerons plus loin.

L'affection calculeuse n'est pas la seule maladie des
organes génito-urinaires avantageusement traitée par
les eaux de St-Sauveur. Dans toutes les lésions, provenant du défaut de tonicité, elles seront toujours bien
indiquées. Les effets qu'elles produisent chaque jour
prouvent qu'elles ont une action favorable toute spéciale sur ces organes. Les femmes surtout, chez les-

quelles les troubles des fonctions de l'appareil génital
sont si fréquemment la cause déterminante de désordres dans le reste de l'économie, nous offrent, chaque
saison, grand nombre d'observations qui nous prouvent cette influence particulière des eaux qui nous
occupent. On voit souvent chez elles des affections
jugées par des crises survenues du côté de cet appareil, et provoquées par les bains.

Il ne sera pas déplacé de parler ici d'une maladie,
pour mieux dire d'une infirmité se montrant indiffé-
remment dans l'un et l'autre sexe, et dont les consé-
quences sont souvent indispensables pour le main-
tien de la santé, je veux parler du flux hémorroï-
dal. Le type périodique qu'il revêt chez certains
sujets lui donne une grande analogie avec la menstruation, et, dans ces cas, sa suppression peut donner
lieu à des accidents sérieux. Les désordres causés
alors chez un individu ne peuvent parfois être arrê-
tés qu'en rétablissant la perte telle qu'elle était primitivement, et les moyens pour y parvenir font souvent défaut à la médecine. On voit, chaque saison,
bon nombre de malades de ce genre venir réclamer
les secours des eaux de St-Sauveur, et peu quittent
cet Établissement sans avoir à se louer des effets
qu'ils ont obtenus.

La leucorrhée, maladie si fréquente et qui occasionne des troubles si graves dans l'économie, est
avantageusement combattue par les bains et douches
de St-Sauveur. Si on ne parvient pas toujours à obtenir une guérison complète (circonstance qui doit se
rapporter à l'usage des bains trop peu de temps suivi),

on obtient une diminution de son intensité, une amélioration notable dans l'état général, le rétablissement
dans les fonctions des organes altérés secondairement;
on prévient ainsi des états pathologiques souvent en-
gendrés par la leucorrhée, l'anémie, la chlorose,
affections assez graves por elles-mêmes, et qui sont
toujours plus redoutables chez des sujets dont l'organisme est ruiné par un travail morbide tel que celui
que provoque l'écoulement leucorrhéique.

La chlorose, en général, et surtout celle occasionnée par la non apparition ou la suppression des
menstrues, cède souvent à l'action des eaux de St-
Sauveur à l'extérieur, jointes à l'eau ferrugineuse de
de Viscos pour boisson [1].

Comme presque toutes les femmes atteintes de

---

[1] Cette source ferrugineuse est distante de 5 kilomètres environ de St-Sauveur. Mon père qui l'a préconisée, ne néglige jamais dans ses prescriptions
de donner le conseil de la boire sur le lieu même où elle jaillit. Il procure
ainsi aux malades la distraction de la promenade, secours hygiénique qui,
dans la plupart des cas qui réclament la boisson de cette eau, est indispensable pour le rétablissement du sujet. L'apathie, l'insouciance qui s'emparent
des individus chlorotiques surtout, leur ferait souvent, si telle n'était l'ordonnance du médecin, négliger un exercice dont ils doivent attendre d'excellents
résultats. Non-seulement cette raison, mais encore l'altération que les eaux minérales en général subissent par le transport, prouvent l'avantage qu'il y a à
suivre ce conseil. Il serait à désirer que l'eau de cette source fût conduite jusque
sur la route impériale, près du pont de la reine Hortense, soit à cause de la
facilité avec laquelle les malades se feraient transporter, soit à cause de la
mauvaise impression, pénible même, que le sentier qui y conduit provoque
chez certains sujets très-nerveux et très-impressionnables. La demande pour
l'exécution de ce travail, peu coûteux après tout, a été renouvelée à d'autres
époques; on l'avait prise en considération, espérons qu'aujourd'hui, Monsieur
le préfet, ayant pris à cœur l'avenir des établissements thermaux, qui sont,
après tout la cause principale de prospérité du département, nous obtiendrons,
enfin.

leucorrhée ou chlorose, qui viennent faire usage des eaux de St-Sauveur, présentent toujours des troubles dans le système nerveux, que la majeure partie arrivent même uniquement pour guérir des affections nerveuses auxquelles elles sont sujettes par suite de ces maladies, je ne ferai pas deux classes d'observations : celles qui nous serviront à prouver leur efficacité dans les cas de leucorrhée et de chlorose, prouveront en même temps leur vertu antispasmodique. Parmi celles-là nous classerons encore celles qui nous démontreront les propriétés vulnéraire, dépurative, etc., si efficaces de cette source, chez les sujets dont la susceptibilité de l'innervation est si grande que le système nerveux se ressent presque toujours des lésions pathologiques qu'ils présentent.

Vertu antispasmodique.

Cette vertu comment l'expliquer ? Dans les cas d'éréthissme, on peut bien rapporter les bons effets de cette source à la qualité de ses eaux onctueuses et tempérantes. Mais, dans les cas d'affection nerveuse coïncidant avec un état de faiblesse générale, quel est leur mode d'agir ? Cette détente qu'elles produisent dans le premier cas, et qui est alors si favorable, serait incontestablement nuisible dans le second, qui ne reconnaît peut-être d'autre cause que le relâchement trop considérable des tissus.

Voici l'explication qu'a donnée mon grand-père de l'action des eaux de St-Sauveur dans les maladies du système nerveux. Il dit :

« Ces deux effets contraires, provenant de l'im-
» mersion dans les bains d'eau minérale de même
» nature, ne peuvent rigoureusement s'expliquer
» qu'en réfléchissant sur ce mécanisme d'impression
» qui a lieu sur la personne qui se baigne. En effet,
» le bain frais resserre la peau, fronce les vaisseaux
» absorbants, et s'oppose à ce que les vapeurs humi-
» des pénètrent dans le corps et y produisent le relâ-
» chement ; ce sont donc les vapeurs sèches et l'im-
» pression de froid qui agissent seulement, et procu-
» rent les effets qui leur sont propres. Il en est tout
» autrement du bain tempéré, dont la douce chaleur
» et l'impression agréable qui en résultent, invitent
» tous les pores à recevoir les vapeurs minérales, et à
» les introduire dans l'intérieur du corps. »

Elles peuvent, par conséquent, entre les mains d'un
homme qui sait bien les ordonner, être favorables
dans toutes les maladies de système nerveux : qu'elles
exigent une médication débilitante, calmante ou tonique. Il est rare, en effet, de trouver des névralgies
qui ne soient guéries, ou dont l'intensité ne soit considérablement diminuée par les eaux de St-Sauveur,
soit que la cause reste inconnue, soit qu'on puisse la
rapporter à des affections herpétiques, rhumatismales,
laiteuses, syphilitiques.

Nous avons déjà parlé des rapports intimes qui
existent entre l'hématose et l'innervation, rapports
qu'on ne peut nullement mettre en doute. Ces rapports, s'ils sont vrais pour le tout, peuvent exister
aussi entre les parties de ce tout, c'est-à-dire qu'il
peut bien arriver dans certaines régions du corps hu-

main des désordres locaux provoqués par une cause
quelconque agissant sur une artère, une veine, ou
une branche nerveuse, et que, par suite, si cette
cause agit sur une artère ou une veine, les nerfs
voisins en reçoivent atteinte, et réciproquement.
C'est ainsi que, basé simplement sur l'existence de ce
rapport entre les systèmes sanguin et nerveux en tout
ou en partie, je puis me rendre compte des effets
produits par la source de St-Sauveur dans bon nombre de maladies nerveuses, et que je vais tenter d'en
démontrer la cause. Pour bien arriver à ce but, il
nous faudrait diviser ces affections suivant le tempérament; cependant je ne les traiterai pas séparément,
le peu de mots que je me propose d'en dire nous donnant très-bien la raison du mode d'action des bains
dans les diverses manières de se présenter de ces maladies.

D'abord, je commencerai par m'excuser sur l'insuffisance ou le mauvais choix de deux termes que j'ai
employés pour exprimer mon idée, j'ai dit que ces
eaux pouvaient être *débilitantes* ou *toniques*. Par ces
deux mots pris dans leur stricte signification et sans
commentaire aucun, j'ai avancé deux faits qui semblent se détruire; mais je vais compléter ma pensée,
et on verra qu'à la rigueur il m'était encore permis
de me servir de ces deux expressions.

La conclusion à tirer de ce qui précède est qu'il
existe, chez un sujet présentant un état morbide nerveux, un désordre dans le système sanguin, désordre qui se traduit ou par une difficulté de circulation, ou un vice de proportion dans la composition

du sang : l'observation le prouve sans exception. Ainsi, nous voyons toujours ou une suppression des menstrues, des hémorroïdes, ou bien une chlorose, une leucorrhée accompagner une affection nerveuse, qui peuvent, dans ces divers cas et autres qu'il est inutile de mentionner, être cause ou effets, mais le plus souvent effets, du moins d'après les observations que j'ai eues sous les yeux.

Maintenant, suivant le tempérament, la constitution, l'âge du sujet, nous remarquons l'affection nerveuse se produire sous telle ou telle forme. Chez une personne, c'est une gastralgie; chez l'autre, c'est la boule ou le clou hystérique, des palpitations de cœur; chez une troisième, c'est une crise, autrement dit, une attaque de nerfs, durant laquelle le malade n'a plus de conscience de ce qu'il est, de ce qu'il fait; et ces divers états se présentent de préférence, l'un ou l'autre, dans tel ou tel tempérament, lors même qu'ils sont déterminés par la même cause.

De l'état général, du tempérament seuls du sujet résulte aussi la différence des effets opposés produits par les bains de St-Sauveur, c'est-à-dire l'action spasmodique ou antispasmodique qu'ils exercent sur un malade, les premiers jours qu'il en fait usage. L'explication le prouve d'ailleurs jusqu'à l'évidence; elle revient à ce que j'ai dit de la manière de se comporter des eaux dans les maladies herpétiques.

La circulation est d'abord activée par l'emploi des eaux sulfureuses : dans les tempéraments éminemment nerveux, cette activité, toujours d'après les rapports existant entre les systèmes sanguins et nerveux, agit sur ce dernier; cette secousse imprévue produit des désordres immédiats qui déterminent une crise plus ou moins violente, et se reproduisant toujours, en diminuant, il est vrai, sensiblement d'intensité jusqu'au 4me, 5me ou 6me bain, et rarement au-delà. Après ce court espace de temps, cet état d'éréthisme n'est plus provoqué : la détente arrive, l'harmonie se rétablit, à l'action spasmodique des eaux succède l'action antispasmodique, le relâchement des tissus favorise le cours de l'onde sanguine, l'effet physique et vital qu'elle produisait sur les branches nerveuses ne peut plus avoir lieu, le sang circulant avec liberté, et le système nerveux étant soumis à l'action tonique des eaux, finit par ne plus trahir d'irrégularité dans ses fonctions.

Cet état spasmodique, l'action des bains de St-Sauveur ne le détermine jamais chez un sujet à tempérament lymphatique. Dans ce cas, deux causes majeures s'opposent à pareil effet. D'un côté, la pauvreté du sang qui entraîne avec elle la détente, la faiblesse nerveuse; de l'autre, l'état de relâche dans lequel se trouvent déjà les tissus. Les bains réussissent alors, soit par l'action tonique des eaux, soit par l'action des gaz. Il serait inutile de chercher d'autres raisons pour prouver la vertu antispasmodique de la source de St-Sauveur; on comprend que deux actions semblables puissent déterminer un effet de cette nature chez des sujets dont les désordres nerveux ne proviennent que du manque de stimulus.

Les sujets qui ont toujours eu à se louer de l'emploi des bains de St-Sauveur, sont ceux chez les-

quels il existait une grande irritabilité générale à la
suite de l'exercice de l'encéphale porté à l'excès. La
vie de cabinet, lorsqu'elle exige un grand travail,
beaucoup d'assiduité, une grande contension d'esprit,
finit par dénaturer les fonctions animales, et jette le
trouble dans l'économie. Des affections s'engendrent;
elles sont d'autant plus graves qu'elles se développent
lentement, presque à l'insu du sujet, ou que celui-ci
les laisse passer inaperçues. Si, avant d'avoir acquis
le degré de gravité nécessaire pour que la vie se
trouve menacée, on essaie d'arrêter ces désordres, la
trop grande irritabilité des organes du malade rend
souvent la médecine impuissante, et c'est dans des
cas semblables que les eaux de St-Sauveur doivent
être prescrites sans retard. Elles calment cette surex-
citation nerveuse qui existe, tonifient les organes, et
le médecin peut alors prescrire des agents thérapeutiques inutiles, parfois même nuisibles avant l'emploi
des bains, et qui, après et avec eux, produisent tous
les effets désirables, et qu'on avait le droit d'en attendre.

La vertu antispasmodique ne saurait être contestée
à la source qui nous occupe; on peut, d'ailleurs, s'en
convaincre chaque jour. Dans certaines maladies nerveuses, les gastralgies, par exemple, on voit dès les
premiers bains les symptômes diminuer d'intensité,
disparaître même. Chez les malades atteints de rhumatismes nerveux, il n'est pas rare d'observer que des
douleurs se dissipent immédiatement après l'immersion de la partie qui en est le siége.

Quelques mots sur la composition des Eaux sulfureuses naturelles.

Maintenant qu'on connaît l'ordre dans lequel paraîtront les observations qui serviront à prouver que la source thermale sulfureuse de St-Sauveur jouit des propriétés énoncées, je vais me permettre quelques réflexions sur les eaux sulfureuses en général.

Et d'abord, dans ces observations je ne chercherai pas à attribuer tel effet produit par ces eaux à un des principes minéralisateurs plutôt qu'à un autre. Je ne rattache la cause des effets observés qu'à l'association de ces principes, à leurs concours mutuel.

Les analyses nous démontrent que les diverses sources sulfureuses des Pyrénées se composent de la combinaison des mêmes substances, avec une différence de proportion qu'elles précisent.

D'après la plus ou moins forte somme de principes constituants, de principes sulfureux surtout, fournie par chacune d'elles, on juge de son intensité d'action, de sa valeur thérapeutique.

La vraie composition des eaux sulfureuses est-elle bien connue? L'ignorance complète où l'on se trouve au sujet de la barégine qu'on sait seulement être une matière organique, permet d'abord de mettre en doute l'exactitude des analyses que nous possédons. De plus, les investigations auxquelles quelques-unes de ces eaux ont été soumises, n'ont-elles pas fait découvrir deux nouveaux corps, l'iode, l'arsenic?

Supposant d'abord que tous les corps minéralisateurs fussent connus, ces ingrédients, dont la présence est incontestablement prouvée, se trouvent-ils répartis dans les diverses sources, dans les proportions établies par les analyses données jusqu'à ce jour?

Ces proportions données, je crois, sont encore inexactes. Mon opinion est basée sur des résultats que j'ai obtenus de quelques opérations faites à l'aide du sulfhydromètre, et sur un fait qu'on a observé à St-Sauveur.

Les expériences sulfhydrométriques, je les avais faites depuis long-temps, lorsque je les répétai avec M. Bonnet, professeur à Lyon; les résultats furent les mêmes que ceux que j'avais obtenus précédemment. Expérimentant, suivant la marche prescrite par M. Dupasquier, inventeur du sulfhydromètre, sur 1/4 de litre d'eau sulfureuse de St-Sauveur, prise au robinet de la douche, nous employâmes 2°,2 de teinture d'iode, dans les proportions voulues pour donner à l'eau une teinte qui laissait simplement deviner que la bleue n'eût pas tardé à se produire. Cette quantité d'iode employée dénote que l'eau de cette source contient 0,002801 de soufre par 1/4 de litre.

Après cette expérience, je voulus faire constater à M. Bonnet ce qui m'a fait mettre en doute l'exactitude des analyses. Le sulfhydromètre n'a été adopté qu'une fois qu'on a été persuadé par des épreuves qu'il donnait des résultats justes et analogues à ceux obtenus par les autres moyens d'investigation. On sera cependant convaincu, après l'opération dont je vais rendre compte, qu'il laisse passer inaperçue une certaine quantité de soufre ; par suite, qu'il est in- suffisant, ou du moins qu'on est exposé à commettre des erreurs en se servant de ce moyen d'exploration pour analyser certaines sources; je dis certaines, puisque je n'ai encore fait cet essai que sur celle de St-Sauveur.

L'expérience consiste à prendre un mélange d'eau sulfureuse et d'eau ordinaire, autant de l'une que de l'autre. Agissant sur un 1/4 de litre de chacune, toujours suivant la marche prescrite, nous employâ- mes 2°,6 de teinture d'iode qui représente 0,003311 de soufre dans le mélange, c'est-à-dire 0,000509 de plus que dans le 1/4 de litre de la première expérience.

L'explication de cette particularité de l'eau de St-Sauveur, si particularité il y a, n'est pas dif- ficile à trouver. En effet, cette eau contient de la glairine en très-grande quantité, et non pas seu- lement des traces, comme l'ont avancé les chimistes dans leurs analyses. Cette matière, lorsqu'à plusieurs reprises, j'ai essayé de la dessécher par l'action d'un feu assez intense, laissait dégager des vapeurs très- épaisses et suffocantes, qui n'étaient rien autre que la vapeur de l'eau mêlée à du gaz sulfureux. Ce dernier s'y trouvait en si grande quantité qu'opérant dans une vaste salle, j'ai été forcé de sortir et de continuer mon expérience en plein air. J'avais soumis 1/8 de litre environ de glairine à l'action du calorique : je ne puis apprécier la quantité de vapeurs sulfureuses qui se dégagea, dépourvu que j'étais des instruments nécessaires à cet effet ; mais le dégagement a duré tout le temps de l'opération en diminuant insensiblement jusqu'au moment où je n'ai plus trouvé dans le vase, servant d'éprouvette, qu'une pellicule grise très-mince qui, jetée sur des charbons ardents, a répandu une odeur semblable à celle que répand la corne brûlée.

Ce fait m'amène à conclure que, ces flocons de glairine contenant autant de matières sulfureuses, les molécules de cette substance si répandue dans l'eau de la source de St-Sauveur, qui doivent nécessairement en contenir aussi avant de s'amasser en flocons, peuvent fort bien empêcher que les réactifs agissent sur tout le soufre, et qu'en ajoutant de l'eau commune, on produise une plus grande surface, on mette par conséquent une plus grande quantité de principes sulfureux en contact avec la teinture d'iode. Il peut encore arriver que l'eau commune, ayant une température moins élevée que la sulfureuse, occasionne, lors du mélange, la fuite moins prompte de l'hydrogène sulfuré que contient cette dernière, dont une partie serait ainsi soumise au réactif.

Le fait observé à St-Sauveur, et qui vient à l'appui de mon opinion au sujet des analyses des eaux sulfureuses, mérite aussi d'être rapporté.

En 1842, le réservoir de l'Établissement nécessita des réparations. Les quelques dalles supérieures qu'on enleva pour pénétrer dans ce bassin, qui n'avait pas été ouvert depuis la reconstruction des bains, présentèrent, à leur surface, une couche assez épaisse d'une substance pulvérulente et jaunâtre, qu'on supposa être du soufre, et l'expérience confirma cette supposition : c'était du soufre sublimé. On y trouvait aussi des pellicules grises qui n'étaient autre chose que de la glairine desséchée.

Mon père, qui était présent aux travaux qu'on exécutait, recueillit une assez grande quantité de cette matière. J'ai souvent eu occasion de voir des médecins et des chimistes qui viennent visiter les établissements thermaux des Pyrénées. Je me suis fait un devoir de leur montrer cette substance, de leur dire d'où elle avait été retirée. Fort peu d'entre eux ont, j'en ai la conviction, ajouté foi à mes paroles ; le plus grand nombre a peut-être supposé quelque supercherie ; car il est une erreur assez répandue qui n'est autre chose que la croyance en l'absence presque complète de principes sulfureux dans les eaux de St-Sauveur.

Cette couche de soufre ne pouvait provenir que de la vapeur de l'eau et du dégagement des gaz qu'elle contient. Je ne dirai pas, d'après cela, que la source de St-Sauveur est plus sulfureuse que telle autre, que celle de Barèges, par exemple, dont les réservoirs ne présentent pas de pareils dépôts, et dans laquelle les analyses découvrent cependant une quantité de soufre à peu près deux fois plus grande que dans la premiere [1]. Mais on voit qu'il est permis de douter de ces analyses. Quoique je ne sois pas très-compétent en fait d'opérations chimiques, il me semble qu'il faudrait, lorsqu'on veut employer un

---

[1] Ainsi le sulfure de sodium contenu dans un kilogramme d'eau est de 0,0498 pour Barèges et 0,0253 pour St-Sauveur.

réactif sur deux choses, se trouver pour l'une et l'autre dans les mêmes conditions; et, en fait d'eaux sulfureuses, il est un obstacle évident, leur variété de
température.

Outre ces faits, sur lequels est basé mon doute au
sujet de l'exactitude des analyses remontant à l'origine présumable des sources sulfureuses, il est impossible que les différences qu'on veut établir entre elles
soient si marquées.

Il faut espérer pourtant que la chimie, faisant tous
les jours de nouveaux progrès, nous montrera, plus
tard, les erreurs qu'elle ne peut éviter aujourd'hui,
et nous donnera alors des résultats plus positifs, par
lesquels on verra que la quantité de principes constituants entre la généralité des sources des Pyrénées
ne diffère pas d'autant qu'on le suppose.

Origine des sources sulfureuses. — Modifications qu'elles
subissent.

On a émis jusqu'à ce jour plusieurs théories pour
expliquer la formation des eaux sulfureuses naturelles.
Les uns prétendent que l'eau, filtrant de la périphérie
vers le centre, par son contact avec les diverses couches de la terre, déterminerait un travail chimique
dont le résultat serait la minéralisation; cette eau
acquerrait en même temps une certaine thermalité
variable suivant la plus ou moins grande synthèse
chimique qui s'effectuerait. Le degré de température généralement plus élevé que présentent les
sources sulfureuses le plus richement minéralisées,
est-il peut-être le point de départ de cette théorie?

La théorie qui attribue aux volcans l'origine des
sources sulfureuses est la plus accréditée, je crois.
Est-elle due à ce que tout pays possédant un de ces
terribles phénomènes, est riche aussi en sources de
cette nature? cette coïncidence ne peut être une
preuve en faveur, car les sources voisines des volcans
devraient alors présenter une intermittence qu'on n'a
point observée. La terre peut être ébranlée, des cre-
vasses se former à la suite de cet ébranlement et une
source disparaître; mais, pour si voisines qu'elles
soient, si elles ne disparaissent point, leurs propriétés
physiques et chimiques restent les mêmes.

Je ne prétends certes pas juger la question; il faudrait avoir fait d'autres études que celles auxquelles
je me suis livré. Je me permettrai cependant d'émet-
tre une opinion à ce sujet. Pour moi, les volcans et
les eaux sulfureuses sont dus à la même cause. La
nature, très-prévoyante en toutes choses (outre la
guérison des mille et une petite misères qui affligent la
pauvre humanité contre lesquelles elle nous devait
un remède), n'a-t-elle pas, par l'issue continue de nos
sources, établi la sauvegarde de notre planète? Si le
centre de la terre est à l'état incandescent, ne faut-il
pas croire qu'elles ne sont autre chose que des sou-
papes de sûreté? Cette uniformité d'ingrédients, toujours les mêmes, se présentant toujours avec les mêmes
proportions dans une source, indiquent une fixité
d'action qu'on ne peut trouver que dans un labora-
toire semblable.

Quant à la diversité de température, de minéralisation, il n'est pas difficile de s'en rendre raison.

Toutes les vapeurs minérales qui s'échappent du centre d'ignition à travers les fissures, viennent à se condenser. La cause qui les produit étant toujours la même, elles doivent invariablement présenter les mêmes caractères.

Supposons que ce soit non-seulement des vapeurs purement minérales, mais qu'il y ait encore de la vapeur d'eau et que lors de la condensation cette eau chargée de principes minéraux arrive directement à la surface de la terre, nous aurions la même composition pour toutes les sources. Mais quel temps mettent les sources pour arriver jusqu'à nous, quelles diversités de trajet ne suivent-elles pas? Lorsque nous les voyons déposer une si grande quantité de quelques-uns de leurs principes constituants dans les réservoirs où l'art les fait aboutir, que ne peuvent-elles pas perdre dans des réservoirs qu'elles parcourent dans le centre de la terre? et les rochers calcaires surtout, où nous les voyons continuellement jaillir, présentent des grottes immenses. De cette manière leurs diversité de minéralisation est facile à comprendre en donnant à toutes les sources sulfureuses le même point de départ et la même origine. On peut aussi se rendre compte ainsi de leur différence de température.

Si nous supposons, au contraire, que des vapeurs minérales seules s'échappent du centre de la terre, l'explication de la variété chimique et physique des sources qui nous occupent est tout aussi simple que la précédente. En effet, il faudrait alors croire que ces vapeurs arriveraient dans des réservoirs où l'eau, venant de la périphérie du globe, filtrerait. Là elle

serait minéralisée, chauffée peut-être même réduite
en vapeur minéralisée, et ce serait encore le trajet à
parcourir pour arriver aux dehors qui la modifierait.
Ce qui donnerait quelque crédit à cette dernière supposition est l'observation faite sur la plupart des
sources sulfureuses de l'influence de l'état atmosphérique sur la sulfuration et la thermalité, et dans d'autres la présence d'infusoires.

D'après ce qui précède, nous trouvons deux causes
naturelles, bien simples pour nous rendre raison de
la différence chimique et physique que présentent
entre elles les sources sulfureuses. Quelles conclusions
faut-il en déduire?

Une cause de modification, les dépôts, ne peut al-
térer sensiblement la composition d'une source sulfureuse. Les seuls principes que l'eau perd en parcou-
rant les conduits naturels à travers lesquels elle vient
à la surface de la terre, se réduisent à des couches
de glairine qui en tapissent les parois. Cette matière
organique se trouve primitivement en dissolution dans
les sources sulfureuses; elle n'affecte la forme de flocons que lorsqu'elle s'est déposée par le séjour dans
un bassin, ou le passage long-temps prolongé de l'eau
qui lui sert de véhicule. En jugeant par analogie, on
peut, chaque jour, se convaincre du fait sur les lieux
qui possèdent des bains sulfureux.

Ainsi à St-Sauveur, où la somme d'eau fournie
par la source serait insuffisante pour alimenter seize
baignoires et une douche, s'il n'existait un réservoir,
on trouve dans ce réservoir des quantités considérables de glairine en flocons énormes, qui ont $0^m,33^c$

de diamètre, sur près de $0^m,02^c$ d'épaisseur. Cette matière tapisse aussi l'intérieur de tous les tubes. L'eau se comporte nécessairement de la même manière dans les réservoirs et conduits naturels qu'elle parcourt, que dans ceux que lui ménage l'art pour sa distribution, excepté toutefois les altérations et les pertes qu'elle peut subir par suite du contact de l'air et du défaut de pression pour sa vapeur et ses gaz.

Une autre cause de modification, la diminution de température, est la seule qui doit être prise en considération. C'est au degré de chaleur plus ou moins élevé qu'il faut attribuer presque exclusivement la variété d'action des diverses sources sulfureuses, hors le cas cependant où, dans l'eau d'une source de cette nature, le peu d'élévation de température tiendrait à son mélange avec de l'eau ordinaire. Mais, si elle ne doit sa vertu tempérée qu'à des causes telles que la longueur du trajet à parcourir, la nature des terrains qu'elle traverse qui peuvent se trouver par leur nature plus ou moins bons conducteurs du calorique, alors l'eau, conservant tous ses principes minéralisateurs dans les mêmes proportions, n'est pas dénaturée et ne perd rien quant aux propriétés de ces principes.

Il peut arriver encore que le contact de certaines substances décompose l'eau, s'empare de son oxigène, par exemple. L'hydrogène se combinant alors avec le soufre forme l'acide sulfhydrique, et l'oxigène se combinant peut engendrer aussi d'autres gaz, comme le gaz acide carbonique. Nous concevons ainsi pourquoi certaines sources sont plus gazeuses; mais ce cas ne constitue pas une cause d'altération vraie, car nous trouverions toujours le liquide composé dans les mêmes proportions.

On voit, d'après ces quelques mots, que ce n'est pas à la plus ou moins forte somme de principes sulfureux fournis à l'analyse, que nous attribuons l'énergie d'une source, mais bien généralement du moins à l'élévation de température. Je dis généralement, car il est des eaux sulfureuses qui présentent moins de soufre, une température moins élevée que d'autres, et qui ont une action plus intense, et produisent des effets plus marqués que ces dernières. Dans ce cas, il est vrai aussi que leur température diffère de peu de chose. A l'appui de ce fait, je pourrai citer ce qu'on observe entre la source tempérée de Baréges, qui contient 0,0245 de sulfure de sodium par litre, dont la température est de 33° centigrades, et celle de St-Sauveur qui contient sur le même volume d'eau 0,0255 de sulfure de sodium, et dont la température est de 34°,50 centigrades à la douche, et de 33 à 33°,50, lorsqu'on l'emploie pour bains. La différence que présentent, sous tous les rapports, ces deux sources, ne semble pas qu'on dût en tenir compte; et cependant, dans le même cas de maladie, l'une sera excitante et l'autre calmante. Est-il possible maintenant, d'après ce seul exemple, de tirer quelque conséquence thérapeutique de l'analyse des sources sulfureuses?

Modes d'action des Eaux.

—

Les effets des eaux, en général, se font ressentir sur deux vastes surfaces, qui sont la muqueuse gastrointestinale et l'appareil tégumentaire, selon qu'on les prend en boisson, injections, bains et douches. D'après les organes qui en ressentent l'influence, elles sont dites purgatives, diurétiques, sudorifiques.

Les eaux sulfureuses possèdent ces propriétés, non pas cependant de la même manière que celles qui les doivent à une substance reconnue pour jouir de l'une de ces vertus, et qui entrerait dans leur composition. Ainsi, lorsqu'elles sont purgatives, ce résultat est toujours dû non pas à une action purgative, mais à un état d'irritation, parfois même d'inflammation qu'elles déterminent dans la muqueuse intestinale, effet qui ne doit, d'ailleurs, être rapporté spécialement à aucun des agents qui concourent à leur minéralisation. Les dangers que peut provoquer cette action irritante font voir que si elles sont employées pour agir sur le tube digestif jusqu'à production d'effets purgatifs, ce ne sera que dans des cas très-rares, d'obstruction, par exemple, provenant d'un défaut de tonicité. Encore alors faut-il les employer avec beaucoup de circonspection, et agir directement en injections rectales.

Les deux autres propriétés qui sont l'expression de l'action des eaux en général, auxquelles se rattachent tous les effets produits par les eaux sulfureuses, chacune des sources de cette nature les possède à un degré plus ou moins prononcé, toujours proportionné à l'élévation de température qu'elle présente.

D'après la chaleur d'une eau employée pour bain, sans égard pour sa composition, on sait d'avance si son action sera diurétique ou sudorifique.

En effet, quelle que soit la nature de l'eau dont on se servira pour préparer un bain, il est évident que plus ce bain sera chaud, mieux il provoquera la transpiration, et moins l'absorption sera abondante. Les pores, lorsque le corps se trouve plongé dans un milieu dont la température est élevée, s'ouvrent : les vaisseaux absorbants se dilateraient pour recevoir le liquide; mais alors aussi la phlogose, la congestion que provoque vers la peau la chaleur du bain, fait que les capillaires sanguins s'engorgent, qu'il s'établit un mouvemant d'expansion, et, par suite, que le travail de la transpiration est très-actif, et l'absorption nulle ou presque nulle.

Au contraire, lorsque le bain est tempéré, cette chaleur agréable invite ces mêmes pores à s'ouvrir largement; rien ne s'oppose à l'introduction de l'eau, qui est absorbée et portée dans le torrent circulatoire. Alors aussi les sécrétions augmentent, les reins surtout élaborent ce nouveau fluide, et l'action diurétique est établie [1].

---

[1] Cette action du bain chaud et du bain tempéré est encore une raison plausible contre ceux qui veulent rapporter presque exclusivement au soufre l'action, les vertus des bains sulfureux. Les sources les plus chaudes sont ordinairement celles qui donnent le plus de soufre à l'analyse, et considérées par suite comme les plus actives.

Mais, d'après ce que nous venons de dire, et qui ne saurait être contesté, cette température élevée empêche l'absorption de l'eau, et par suite celle du soufre qu'elle renferme.

On comprend, d'après cela, dans quels cas on doit employer les bains chauds et les bains tempérés. Les premiers activent la circulation, tendent à enlever le surcroît de principes aqueux répandus dans l'économie, à détruire la faiblesse, l'inertie qui en résultent. Les seconds ralentissent le cours du sang, en augmentent les principes aqueux, détruisent ainsi l'acrimonie des humeurs, la tension exagérée des fibres et le surcroît d'irritabilité qui en sont la conséquence.

Les bains d'eaux sulfureuses produisent encore d'autres effets. Les substances qu'elles renferment ne doivent pas être considérées comme neutres; elles ont des vertus, elles agissent; on les trouve absolument les mêmes dans toutes les sources sulfureuses. Ces dernières conséquemment agissent-elles toujours de la même manière dans les mêmes conditions?

L'affirmative paraît là seule réponse à faire à cette question. On me trouvera en contradiction avec moi-même, si on observe que j'ai avancé que les eaux de la source de St-Sauveur jouissaient de certaines spécialités. Mais ce terme, *spécialité*, ne doit pas être pris dans son sens le plus rigoureux. Toutes les sources de la nature de celle qui nous occupe, ont les mêmes propriétés à un degré d'activité plus ou moins grand, nous l'avons déjà dit; et nous attribuons cette différence d'action au calorique, ou, si l'on veut (pour la définition de ce que nous appelons *spécialité)*, à la quantité de soufre qu'elles présentent.

Nous entendons par vertus spéciales, les vertus très-marquées dans une source, et dont on ne peut attribuer la cause ni à la température, ni à la composition de l'eau qu'elle fournit : autrement dit, dont la cause est cachée, mais qui existe et qu'on pourrait trouver sans avoir recours à des opérations chimiques.

Chaque source sulfureuse jouit de quelque spécialité. Nous voyons, en effet, des sources, présentant une composition chimique et physique semblable, produire parfois, dans les mêmes cas pathologiques, des résultats différents. Tout effet cependant révèle l'existence d'une cause. L'influence du climat seule ne peut pas rendre compte de ce phénomène. D'ailleurs, ne l'observe-t-on pas entre des sources dont les établissements qu'elles alimentent, offrent les mêmes avantages hygiéniques?

Bien plus, à St-Sauveur, avec la même eau de la source qui a toujours fourni à l'Établissement, on a observé une différence d'action, même des effets opposés, produits par les bains [1]. Ce fait, qui paraîtrait absurde si l'observation n'en faisait foi, suffit pour attribuer des spécialités aux sources sulfureuses. Avec les connaissances actuelles sur leur composition, en rechercher la cause, c'est faire des suppositions. Je vais m'en permettre une en faisant toujours dépendre du calorique cette variété d'effets produits par les eaux des sources regardées comme identiques. Nos instruments de physique nous indiqueront le même degré de température, mais c'est sur leur insuffisance que je base ce que je suppose.

---

[1] On verra par le fait qui se trouve rapporté à la fin de cet article, que la variété d'action des sources sulfureuses peut être occasionnée par des causes bien minimes, et qu'on serait loin de supposer.

Les expériences faites par mon grand-père, qui n'a-
vait nul intérêt à produire des faits inexacts, viennent
à l'appui de ma supposition. Il dit dans son ouvrage
qu'expérimentant sur les eaux des sources de Baréges
et de St-Sauveur, il trouva que, exposées à l'air, celle
de Baréges se refroidit plus vite et perd plus rapidement sa saveur et son odeur que celle de St-Sauveur.
Cependant la première est plus chaude de 9° et contient aussi deux fois plus de principes sulfureux que
la seconde. J'ai déjà parlé de ce fait dont j'ai attribué la cause à la présence d'une plus grande quantité de glairine dans l'eau de la source de St-Sauveur;
cette cause est certainement la seule admissible, mais
il faut encore tâcher de trouver comment elle agit
dans cette circonstance. Pour moi, je suppose que cette
matière organique s'empare d'une partie du calorique
qu'elle conserverait à l'état latent, qui se dégagerait
au fur et à mesure que la masse liquide en perdrait
du sien, et qui servirait ainsi à entretenir la durée de
la chaleur de l'eau. On voit par là combien cette
substance, qui est presque regardée comme du super-
flu dans les eaux sulfureuses, peut, au contraire, être
une des causes puissantes de leur mode d'action.

Une circonstance, d'ailleurs, m'a toujours fait apprécier l'importance de la barégine. A l'époque où
l'établissement de St-Sauveur fut reconstruit, on crai-
gnit, pendant plusieurs mois, que la pureté de la
source n'eût été altérée par suite des travaux exécutés.
Cette idée se répandit même assez facilement, l'Établissement ne recommençant à fonctionner que vers
le commencement de la saison. L'eau en était de-

vénue âpre; on ne lui trouvait plus cette onctuosité qu'elle possède à un si haut degré. Les malades venus précédemment, et que sa vertu tempérante avait rappelés, s'en plaignaient généralement. Elle ne fut telle qu'on l'avait toujours observée, les bains ne jouirent de leurs anciennes propriétés que long-temps après, et alors probablement qu'il se fut déposé une grande quantité de glairine dans le réservoir [1].

Quelques mots sur l'emploi bien combiné des deux Sources sulfureuses.

Des faits qu'on observe aux établissements thermaux de Baréges et de St-Sauveur, on peut conclure que le médecin qui ordonne l'une de ces sources, n'a, pour en faire le choix, qu'une question de tempérament à résoudre. L'état général du sujet bien reconnu, l'indication devient très-facile.

Il peut cependant se trouver des affections qu'on ne combattrait pas avantageusement par l'usage exclusif des bains de l'une des deux sources. Des cas morbides de ce genre se présentent assez fréquemment. Ils nous expliquent pourquoi grand nombre de médecins ne considèrent les eaux de St-Sauveur que comme un moyen préparatoire à celle de Baréges, et sans vertu presque par elles-mêmes. Il est, en effet, des

[1] L'onctuosité des eaux sulfureuses a été attribuée par Anglada à la présence du carbonate de soude. Je ne me permettrai pas de contester un fait établi par ce grand chimiste. Mais, d'après l'observation que je viens de rapporter, il est permis d'affirmer que c'est surtout à la matière organique si répandue dans l'eau de la source de St-Sauveur, que celle-ci doit cette qualité physique.

malades si faibles, si irritables qu'ils ne pourraient sans danger se soumettre à l'action énergique de la source de Baréges. Leur économie ne pourrait résister à ce choc violent qui provoquerait des troubles considérables dans le système, compromettrait peut-être même l'existence des individus s'ils ne prenaient les précautions voulues.

Il faut, en pareilles circonstances, préparer, fortifier les organes du sujet, lui donner le moyen de réagir; et les eaux de St-Sauveur sont ce qu'on peut trouver de mieux pour atteindre ce but. Si quelques-uns des malades qui vont, chaque année, faire usage des bains de Baréges, subissaient cette espèce de préparation, ils ne s'exposeraient pas à des accidents qui non-seulement, lorsqu'ils sont assez intenses pour devoir les combattre, réclament des secours qui paralysent les bons résultats qu'on aurait obtenus des eaux, mais exigent toujours la suspension des bains, plus ou moins longue et proportionnée à la violence de la fièvre qu'ils déterminent, et aux congestions ou menaces de congestions qu'ils provoquent vers des organes importants.

Si l'efficacité d'une pareille marche à suivre pour la guérison de certains sujets atteints de certaines affections, pouvait être mise en doute, je pourrais citer bon nombre d'observations pour convaincre. Il ne se passe pas de saison qu'à St-Sauveur on n'observe quelques malades qui ressentent les bons effets de l'usage des bains, qui voient leur état pathologique s'améliorer progressivement, et qu'après un résultat obtenu parfois très-rapidement, les eaux n'agissent plus; leur maladie reste dans le *statu quo*, et l'usage d'une source plus active est indispensable pour terminer la guérison. Si ces malades avaient, au contraire, pris, dès le début, des eaux très-actives, ils se seraient exposés aux accidents que nous avons mentionnés, et, de plus, auraient pour la plupart, vu leur état morbide faire des progrès.

Ces observations, qui établissent incontestablement les bons résultats qu'on peut attendre de l'emploi bien dirigé des eaux de Baréges et St-Sauveur, n'ont pas été fournies par des sujets atteints de lésions anciennes, résultant du vice scrofuleux bien prononcé.

Chez ces derniers, la grande activité des eaux est la première condition pour qu'elles agissent favorablement. Une source tempérée serait presque toujours nuisible, parce que, favorisant l'absorption, elle relâcherait encore plus les tissus, appauvrirait le sang qui ne possède déjà que trop peu de vitalité, augmenterait les principes aqueux si répandus dans l'économie.

Ces observations ont été prises sur des individus atteints d'affections herpétiques anciennes et autres lésions, reconnaissant pour cause des vices qui s'allient à tous les tempéraments. La majeure partie n'était venue à St-Sauveur que pour combattre certains symptômes considérés comme maladies, ne se doutant nullement de l'état pathologique général qui les produisait. Cet état se révèle le plus souvent par des signes certains, parce qu'il est rare que, les eaux ayant calmé ou détruit les *symptômes*, les malades ne continuent à prendre des bains pour confirmer la guérison.

Leur usage étant long-temps prolongé, les eaux agissent comme dépuratives, et c'est alors qu'elles provoquent l'apparition des signes caractéristiques de l'affection générale.

L'observation est la meilleure preuve d'un fait; mais il faut encore qu'en lisant ce fait, on puisse, jusqu'à un certain point, se rendre compte de la manière dont il a été produit. C'est aussi dans ce but que j'ai fait ces réflexions générales sur les eaux sulfureuses, réflexions dans lesquelles on trouvera souvent la cause des effets provoqués par les eaux de St-Sauveur, et dans lesquelles je puiserai encore les développements nécessaires, indispensables à l'intelligence de certains effets produits, et que je pourrai citer.

On aurait tort de supposer que, lorsque j'ai parlé des propriétés des eaux de St-Sauveur, j'ai voulu dire que ces eaux pussent triompher de toutes les lésions réclamant l'emploi de quelques-unes des vertus thérapeutiques qui leur ont été attribuées. Mais il était nécessaire, je crois, en parlant d'un agent thérapeutique qui acquiert chaque jour une plus grande renommée et justement méritée, de faire connaître tous les effets qu'il peut produire, pour s'arrêter plus tard à ce qu'il offre de plus avantageux : à ses propriétés les plus remarquables, les plus distinctes. Outre le reproche que j'ai déjà fait aux médecins qui attribuent généralement le bien qu'obtiennent les malades dans nos établissements thermaux, non à l'usage des sources qui les alimentent, mais à l'action du climat, de la nourriture, du traitement hygiénique qu'ils y suivent, j'ajouterai que je ne comprends pas comment des

hommes voués au soulagement de l'humanité sont
plus occupés, non pas des vertus que possèdent les
eaux sulfureuses naturelles, mais de leur composition
Les efforts des chimistes pour en donner l'analyse
vraie sont louables, mais, pour un médecin, le plus
important est d'en connaître les vertus que l'observation nous a révélées. Car, enfin, agiront-elles mieux
une fois leur composition bien connue que lorsqu'on
l'ignorait complètement? N'auront-elles plus les mêmes
propriétés parce qu'on y découvrira un autre ingrédient? Encourageons les chimistes, et leurs travaux
nous feront peut-être découvrir que les eaux sulfureuses peuvent être mieux utilisées qu'aujourd'hui, et profitons toujours des vertus que nous leur connaissons.

Action des Eaux de St-Sauveur sur l'appareil de la
respiration.

Nous avons dit que l'action des eaux prises en boisson ou bains se fait ressentir sur deux vastes surfaces,
savoir : la muqueuse gastro-intestinale et l'appareil
tégumentaire. Les eaux sulfureuses n'ont encore été
étudiées que sous le rapport de ces deux modes d'administration. Elles peuvent cependant agir sur une
trosième surface. Il est réellement fâcheux qu'on ait
jusqu'à ce jour laissé passer inaperçus les effets des
vapeurs minérales, aspirées par le baigneur durant
l'immersion, sur les voies respiratoires. Ces effets sont
évidents pour moi [1]. Aussi, avant d'entreprendre les

---

[1] Cette réflexion était faite dans mon premier *Mémoire sur St-Sauveur* en
1845, avant qu'on eût établi, quelque part, des sales d'inhalation.

— 53 —

observations qui doivent prouver les vertus que nous avons accordées à la source qui nous occupe, je vais me permettre de dire quelques mots de l'action favorable des eaux de St-Sauveur contre les affections des organes de la respiration.

Les eaux sulfureuses ont deux actions bien distinctes : l'une directe, l'autre indirecte. De la première résultent les effets produits par cet agent lorsqu'il agit immédiatement et sans élaboration préalable sur un organe malade; de la seconde résultent les effets produits alors que le liquide absorbé a été porté dans le torrent circulatoire, élaboré conséquemment.

Partant de ce fait incontestable et considérant quel genre de lésions présentent les organes respiratoires malades, on ne peut faire du moins que d'admettre l'action favorable des vapeurs sulfureuses aspirées [1]. L'individu qui se trouve dans une atmosphère semblable, doit éprouver des effets salutaires de ces vapeurs toniques et vulnéraires mises en contact immédiat avec des surfaces ulcérées, ou des muqueuses errodées à la suite d'une longue inflammation. Les eaux agissent alors comme topiques, et c'est surtout sous ce mode d'administration qu'ont été produits les beaux résultats qu'on a observés à la suite de leur emploi. Je ne veux cependant pas par là contester, même mettre en doute les bons effets que peut produire la boisson aux sources sulfureuses. Bordeu dit bien dans une de

[1] Il est constant, d'après les phénomènes physiques et chimiques qui se présentent dans les établissements thermaux, que les vapeurs présenteraient presque la même composition que l'eau dont elles émanent, si on les soumettait à l'analyse.

ses lettres sur les Eaux-Bonnes : « Je suis si convaincu
» que nos eaux sont vulnéraires, que je ne ferai ja-
» mais difficulté de les employer dans toute sorte de
» vieille plaie. Je bannirai toutes ces compositions,
» vrais ragouts arabes, qui ne sont que pour la pompe
» de l'art; je leur substituerai notre baume naturel.
» Je ne dis pas qu'il réussisse toujours; mais je ne
» me lasserai point d'insister à noyer l'ulcère, à l'hu-
» mecter continuellement avec une eau si balsamique
» et si pénétrante. »

Mais il ajoute :

« J'en ferai prendre intérieurement, pour que cette
» rosée que la circulation porte dans la plaie, soit
» adoucie, vivifiée et purgée de tout aigre qui pour-
» rait empêcher l'union des grains charnus qui doi-
» vent toujours être dans un état qui leur permette de
» céder à la force des humeurs, sans que cependant
» ils succombent et qu'ils s'affaissent. »

L'idée que les eaux sulfureuses, sous forme de vapeur, devaient avoir une action sur l'appareil respi-
ratoire, m'a été suggérée d'abord par les bons effets
qu'on a obtenus, dans les maladies de poitrine, du
séjour des individus affectés, dans une vacherie pour
leur faire respirer un air plus azoté (et les eaux sulfureuses contiennent de l'azote), et puis par des observations que j'ai lues dans le recueil que possède mon
père. D'après ces faits, jai vu que, par la boisson de
l'eau de Bonnes, pendant qu'on prenait les bains de
St-Sauveur, les résultats les plus satisfaisants étaient
obtenus dans les maladies de poitrine. Ainsi, je suis
persuadé que si on eût dressé une statistique exacte

des cas de maladies des organes respiratoires, on trouverait qu'avant que Bonnes fût en si grande renommée, et que grand nombre de sujets, se rendant aux
Pyrénées pour les boire, venaient les prendre à St-
Sauveur, pour faire en même temps usage des bains
de cet Établissement thermal, on trouverait, dis-je,
sur un nombre déterminé de cas, bien plus de résultats satisfaisants qu'on n'en observe aujourd'hui sur
un nombre égal de malades, s'en remettant pour leur
guérison à l'eau de Bonnes exclusivement.

Avant de m'étendre davantage sur ce sujet qui peut
devenir très-important, je désire observer. Plus tard,
j'espère pouvoir le traiter comme il mérite de l'être,
et prouver alors combien seraient utiles, dans certains
établissements, des salons où se rendraient des malades pour respirer une atmosphère qu'on pourrait à
volonté charger ou dépouiller de vapeurs minérales,
où, si l'on peut s'exprimer ainsi, on baignerait les
poumons malades[1].

Observations.

*Action des Eaux de St-Sauveur dans les maladies des
organes génito-urinaires.*

Lorsque j'ai parlé, dans un chapitre précédent, des
propriétés particulières aux eaux de St-Sauveur, j'ai

[1] Ce salon offrirait un avantage incontestable sur les effets qu'on peut
obtenir aujourd'hui dans nos cabinets de bains. L'individu ne se trouverait
plus dans la solitude; il pourrait se livrer à la conversation, et l'exercice
d'un organe affecté, bien calculé à sa force, est toujours à rechercher.

dit qu'elles avaient non-seulement les vertus lithontriptiques, mais encore une action toute particulière
sur les organes génito-urinaires, et qu'elles étaient
toujours avantageusement employées contre la généralité des affections chroniques et atoniques qu'ils présentent. Aussi, au lieu de traiter uniquement de leur
vertu lithontriptique, je parlerai de leur action dans
les cas de catarrhes vésicaux et de leucorrhée. Ces
trois états pathologiques dont je vais citer des exemples de guérison, seront successivement traités dans
cette classe d'observations que je désigne sous le nom
d'affection des organes génito-urinaires.

1° Affection calculeuse.

Première observation.

M. M.-F., de Paris, âgé de 55 ans, tempérament
lymphatique, constitution forte, vint à St-Sauveur
pendant la saison 1845. Il portait une dartre vive,
occupant le pourtour de l'anus, le scrotum et le bout
du gland. Outre les démangeaisons insupportables
qu'il éprouvait, il souffrait aussi de la région lombaire. Il n'avait jamais eu de symptôme de gravelle.
Il se rendit à St-Sauveur pour prendre quelques
bains, comme moyen préparatoire à l'usage des eaux
de Baréges.

Mon père le fit baigner à la température 34° centigrades, lui prescrivit la boisson de l'eau de la source
même, qui fut portée successivement à six verres

par jour. Une quinzaine se passa sans que le malade éprouvât le moindre changement dans son état. Mais, un jour, pendant qu'il prenait son-bain, il fut pris d'envies d'uriner excessives avec des douleurs intolé-rables-qui provoquèrent le vomissement. Transporté chez lui, il se trouvait dans un état de souffrance indicible, et présentant tous les symptômes d'une néphrite aiguë. Un bain émollient fut prescrit, un liniment laudanisé et camphré fut mis en usage, des sangsues furent appliquées, rien ne put diminuer les souffrances. Enfin, une forte saignée fut pratiquée ; ce dernier moyen, les bains émollients long-temps prolongés et une boisson mucilagineuse modifièrent l'état du malade. Quatre jours après, et lorsqu'on pouvait supposer que tout état phlegmasique avait cessé, il fut remis à l'usage des bains et de la boisson.

Huit jours après la reprise des bains, le malade se trouvant à table d'hôte en nombreuse compagnie, fut pris tout d'un coup d'envies très-fortes d'uriner, et sentit en même temps un corps étranger s'engager dans le canal de l'urètre. Dans l'impossibilité de se mouvoir, il dut prier ses commensaux de s'éloigner. Après un quart-d'heure environ de souffrances atro-ces, et émission d'urines sanguinolentes, il rendit en-fin un nombre considérable de calculs rouges et de différentes grosseurs, et, entre autres, un du poids de six décigrammes, ayant la forme d'un haricot. Dès ce moment les douleurs lombaires cessèrent ; mais sa maladie herpétique resta stationnaire. Mon père l'en-gagea à se rendre à Baréges. Il fit usage des bains de cet établissement pendant un mois ; il se retira parfaitement guéri des deux affections qu'il présentait à son arrivée.

2me OBSERVATION.

Une femme des environs de Pau, âgée de 50 ans, tempérament nerveux-sanguin, constitution délicate, mère de six enfants, fut prise, il y a trois ans, de douleurs cystiques très-fortes. Les bains domestiques, les boissons diurétiques, les lavements émollients et laudanisés, des embrocations de toute espèce sur le bas-ventre, rien ne peut calmer la malade. Un médecin distingué est consulté; il propose, outre les bains déjà employés, l'application de sangsues et la saignée. L'exploration de la vessie ne fit rien connaître dans cet organe. Après deux ans de souffrances et en désespoir de cause, il fut décidé qu'elle tenterait l'usage des eaux sulfureuses. Elle se rendit à Cauterets, dont les bains et la boisson l'excitèrent au plus haut point. La saison d'après, elle se rendit à St-Sauveur où elle prit des bains à 30° centigrades, et l'eau en boisson. Huit jours se passèrent sans changement dans l'état de la malade. Plus tard, il y eut une petite amélioration. Un jour, enfin, pendant qu'elle était au bain, elle se sent prise de douleurs bien plus fortes que celles qu'elle avait endurées jusqu'alors, éprouva la sensation d'un corps étranger qui s'engagerait dans l'urètre. Les efforts qu'elle fait pour uriner sont tellement grands, qu'elle ressent un craquement qui est suivi de l'émission d'un calcul du poids de sept décigrammes, rouge et d'une forme applatie. Dès ce jour, toutes les douleurs cessèrent. La malade se retira quelque temps après et put reprendre ses travaux domestiques. Elle revint la saison suivante par reconnaissance et non par besoin.

3me OBSERVATION.

M. C***, de Toulon, âgé de 38 ans, d'un tempérament sanguin, d'une constitution robuste, marin depuis quatorze ans, se rendit à St-Sauveur, atteint de douleurs permanentes à la région lombaire, et d'un catharre vésical. Le malade avait eu plusieurs accidents syphilitiques depuis 1828 jusques en 1837, époque à laquelle il fit un voyage. De retour, il éprouva une affection du bas-ventre avec grande irritation des voies urinaires : le médecin qu'il consulta, diagnostiqua une cystite qu'il essaya de combattre par des boissons mucilagineuses et des bains émollients tempérés. Le malade suivit ce traitement pendant deux mois, mais fatigué de n'obtenir aucun résultat satisfaisant, il se rendit à Paris pour y consulter M. Civiale. Ce praticien distingué trouvant le malade avec un suintement chronique et des rétrécissements de l'urètre, lui passa des bougies, apprit même à M. C*** à pratiquer lui-même cette opération, afin qu'après qu'il l'eût quitté, il n'eût besoin d'aucun homme de l'art pour continuer un traitement qui consistait à arriver à pouvoir introduire librement des bougies des n°s 11 et 12, résultat qu'il obtint deux mois après.

Cette médication ne fut pas plus favorable que la

précédente. Le malade cependant se remit à navi-
guer; mais, durant son voyage, il souffrit beaucoup.
Alors se manifestèrent des douleurs très-intenses dans
la région cystique. De retour et malgré les souffrances qu'il avait endurées, M. C*** fit un autre voyage
pendant lequel il s'aperçut que ses urines étaient
très-bourbeuses et déposaient comme de la purée
(expression du malade). Elles devinrent aussi plus
abondantes, et le besoin de verser très-fréquent,
quoiqu'il transpirât beaucoup et facilement. Son caractère s'altéra ; il devint triste morose, incapable de
rien entreprendre. Des sueurs nocturnes se manifestèrent.

Après avoir passé l'hiver en famille et sur les avis
de M. Civiale, il se rendit à St-Sauveur pour faire
usage des eaux. On lui prescrivit des bains à 33° centigrades, et l'eau de la source même en boisson ; on
en porta graduellement la dose à huit verres par
jour. Après quinze jours de ce traitement, joint à une
bonne et convenable alimentation, et un exercice
très-modéré, le malade fut pris tout-à-coup d'accident de pléthore, Une forte toux se manifesta, on dut
faire suspendre les bains et employer sans retard un
traitement antiphlogistique. Durant cette période de
huit ou dix jours, le malade s'aperçut qu'à mesure
que son rhume diminuait, ses urines devenaient plus
abondantes, très-fétides, et charriaient un dépôt blan-
châtre qui, séché au soleil, ressemblait à de la chaux
pulvérisée, et répandait une forte odeur d'acide uri-
que. Ce mouvement critique dura une douzaine de
jours. Ce qu'il y eut de particulier, c'est que le dépôt

dés urines changeait très-souvent de couleur qui variait d'un beau blanc à un gris terne ; lorsqu'il avait cette dernière nuance, il était plus rappeux. Les derniers jours, ce dépôt fut filandreux ; desséché, il produisit des pellicules très-fines.

Lorsque tous les accidents inflammatoires eurent disparu, le malade reprit les bains, et partit, après deux mois de séjour à St-Sauveur, bien rétabli, sans avoir éprouvé d'autre accident. et rien offert qui mérite d'être rapporté.

4me OBSERVATION.

M. C***, de Tarbes, âgé de 60 ans, tempérament sanguin, constitution forte, ancien militaire, ayant toujours mené une vie assez irrégulière, était atteint, depuis trois ou quatre ans, de douleurs arthritiques aux extrémités inférieures. Plus tard, il ressentit des symptômes graveleux qui lui donnèrent de vives inquiétudes. Alors que les souffrances provoquées par cette dernière affection arrivèrent progressivement à un état de violence extrême, son médecin lui conseilla l'usage des eaux de St-Sauveur. A son arrivée dans l'établissement, il ne fit part que de sa maladie calculeuse. Ses urines déposaient constamment au fonds du vase une plus ou moins grande quantité de particules briquetées, très-brillantes lorsqu'on les avait séchées. Outre ce symptôme, le malade paraissait jouir d'une excellente santé. Il fut immédiatement mis à l'usage des bains à 33° centigrades et à la boisson copieuse des eaux qu'il supportait très-bien.

Dès les premiers bains, il commença à ressentir des douleurs assez intenses à la région des reins et sur le trajet des urétères; les urines devinrent plus abondantes et charriant une plus grande quantité de sable. Il urinait dans son bain jusques à sept fois dans trois-quarts-d'heure, durée ordinaire de l'immersion. Peu de jours après, les douleurs se firent ressentir aussi à le vessie, et devinrent si intenses, qu'il fut obligé de suspendre des bains qui nécessitent, pour les prendre, une position que le sujet ne pouvait plus supporter. Des sangsues à l'anus furent appliquées; des fomentations émollientes, des boissons mucilagineuses furent mises en usage; le malade rendit enfin une quantité innombrable de graviers dont le plus petit avait la grosseur d'un grain de chenevis.

M. C***, occupé toujours de sa maladie calculeuse, ne songea jamais à parler de sa première affection. Ce ne fut qu'après son séjour de deux mois à St-Sauveur, qu'il se rappela ses atteintes de goutte; mais, à son départ, il ne souffrait plus de son appareil urinaire, et le gonflement et les douleurs arthritiques avaient totalement disparu. Dans cette double cure, le résultat obtenu pour les deux affections n'a pas été le même; car, deux saisons suivantes, M. C*** était reveuu pour finir de combattre sa maladie graveleuse; tandis qu'il n'avait plus ressenti d'atteintes de goutte.

5me OBSERVATION.

M. B***, de Rabastens, âgé de 55 ans, tempéra-

ment sanguin-nerveux, constitution forte, ayant toujours eu un genre de vie assez désordonné, fut pris
tout d'un coup de douleurs très-violentes aux orteils,
avec gonflement et rougeur. Le médecin qui lui donna
des soins diagnostiqua une attaque de goutte, et employa les moyens indiqués en pareil cas, qui produi-
sirent un bon effet. De nouvelles attaques se manifestèrent avec une succession tellement rapide que la
goutte devint permanente, et força le malade à gar-
der un repos absolu. Deux ans se passèrent à essayer
les différents remèdes préconisés même par les empi-
riques, mais tout fut employé sans succès. A cette
première affection vinrent se joindre plus tard des
douleurs fréquentes de vessie, des urines ardentes et
qui contenaient parfois comme de la brique pilée.
Un médecin de la ville de Tarbes fut consulté. Il en-
gagea le malade à se rendre à St-Sauveur pour y faire
usage des eaux. Ce fut sous le double poids de douleurs goutteuses et graveleuses qu'il arriva dans cet
établissement thermal. Il prit des bains à 33° centigrades, et buvait quatre verres d'eau par jour. Quatre
hommes étaient nécessaires pour le porter de son lit
au bain, et le rapporter. Dès le premier jour, immédiatement après son bain, il dormit une heure sans
qu'on pût rien surprendre qui dénotât qu'il éprouvait
quelque souffrance. Après ce court sommeil, il se ré-
veillait couvert d'une sueur assez abondante pour devoir le changer de linge. Trois semaines se passèrent
sans plus d'amélioration. Enfin, un mois après son
arrivée, le malade vit ses articulations n'être plus
aussi tuméfiées, et pouvant exécuter quelques mouve-

ments. Il se sentait la force de faire quelques pas
qu'il n'osait prolonger à cause des douleurs produites
par la sensibilité extrême de la plante des pieds, lorsqu'il voulait les appuyer, et qu'il comparait à la sensation que produirait une épingle qu'on introduirait
dans les chairs. L'état de l'appareil urinaire devint
meilleur ; les urines furent plus abondantes et moins
cuisantes ; elles ne charriaient plus. Après deux mois
de séjour et sous l'influence seule des eaux, ce malade rentra dans sa famille dans un état normal de
santé.

Il est venu chaque nouvelle saison à St-Sauveur. Il
n'a plus éprouvé d'atteinte ni de l'une ni de l'autre
affection.

La conclusion à tirer des faits qu'on vient de lire,
et de tant d'autres que je pourrais rapporter, n'est pas
que les eaux jouissent d'une vertu réellement lithontriptique. Pour qu'on pût la leur accorder, il faudrait
supposer l'existence d'un travail chimique dans les
reins ou la vessie, et cette supposition ne serait rien
moins qu'absurbe. La généralité des effets obtenus
doit être rapportée à une action purement vitale que
déterminent les eaux, et de cette manière on se rend
compte facilement de ce qui a été observé. Que se
passe-t-il, en effet, chez un individu atteint de gravelle? La formation, la présence des premiers graviers
provoque dans les reins ou la vessie une irritation assez
forte, parfois même de l'inflammation. Ces organes,
par les traitements antiphlogistiques qu'on fait, avec
raison, subir au sujet affecté, finissent non par s'ha-
bituer à la présence de ces corps étrangers, mais par

arriver à un état de débilitation ou d'insensibilité, qui peut faire croire momentanément à la cure de l'affection. Si, plus tard, de nouveaux symptômes, des signes pathognomoniques se présentent, on donnera les remèdes préconisés contre la gravelle, les diurétiques, les alcalins long-temps continués. Ce mode de traitement détermine bien un surcroît de sécrétion, un changement de nature des urines qui, entraînant quelques calculs, dégagent ainsi les reins et la vessie, en empêchant une nouvelle formation parfois, et le malade ressent un mieux sensible. Mais, alors aussi, sous l'influence de ce traitement, ces organes se fatiguent beaucoup, ils perdent de leur ton ; les conduits excréteurs, non habitués au contact des urines ainsi modifiées, se crispent et n'offrent plus dès-lors un calibre suffisant pour la sortie des graviers, si les organes avaient encore la force de les expulser. De plus, si un de ces corps, je suppose, vient à s'engager dans les uretères dont le trajet n'est plus uniforme, ce sont des douleurs intolérables ; s'il arrive, au contraire, dans la vessie, qui ne puisse s'en débarrasser, il sert de noyau, des couches successives se forment, et l'œuvre du chirurgien arrive à grands pas. Supposant maintenant que tous les calculs aient été rendus à l'aide de ce traitement, et que le malade soit guéri, ce bien-être ne sera que momentané. Sitôt la médication abandonnée, les urines reprendront leur première nature, et tant que l'organe sécréteur ne sera pas modifié, on aura à redouter une succession d'accidents contre lesquels, après un certain temps, les remèdes qui les combattaient au début avec avantage, n'auront plus aucune action.   5

Faut-il conclure de ces réflexions que les eaux sulfureuses de St-Sauveur aient toujours infailliblement réussi? Non; mais cependant, sur le nombre de calculeux qui sont venus réclamer les bienfaits de cette source, si tous n'ont point obtenu le résultat qu'ils en attendaient, ils n'ont cependant jamais été trompés dans leur espérance d'y trouver au moins un grand soulagement. Car ces eaux, dans ce cas morbide, ont un double avantage : non-seulement elles augmentent le sécrétion des urines, elles ont encore une vertu tonique qui doit se porter de préférence sur les organes urinaires, par la seule raison qu'elles sont diurétiques. Ces deux propriétés réunies sont pour moi la seule cause de la vertu qu'elles possèdent, qu'on est convenu d'appeler lithontriptique, et qu'on ne peut leur refuser. Il y a encore une autre observation à faire; qui consiste en ce que c'est toujours, durant ou peu de temps après le bain, que les graveleux rendent leurs calculs. Ceci provient de l'état de relâchement ou mieux de souplesse que ces eaux si balsamiques communiquent aux tissus qui se trouvent en contact immédiat avec elles. L'état spasmodique que ferait naître la présence d'un calcul engagé dans le canal de l'urètre ne peut se produire aussi fort, et le corps étranger ne trouve plus, à parcourir le trajet, les difficultés qui seraient inévitables sans ces bains.

J'ai dit, plus haut, que généralement les eaux de St-Sauveur n'agissaient pas comme lithontriptiques. Cependant il se présente des cas où l'on est forcé, pour se rendre compte des effets produits, d'admettre

qu'elles ont une vertu lithontriptique quelconque.
L'observation n° 5 en est un exemple frappant. Les
eaux, chez ce sujet, ont produit la dissolution d'un ou
plusieurs calculs. Cette poussière tantôt blanche, tantôt grise, qui a été rendue par le malade, n'était autre chose que la destruction successive des couches
d'un calcul ou de graviers. Je ne crois cependant pas
à l'existence d'un travail chimique qui se serait opéré,
mais bien à une opération tout-à-fait physique. Le
renouvellement rapide, l'expulsion fréquente des urines empêchaient d'abord de nouveaux dépôts dans la
vessie [1], et, de plus, faisaient subir une espèce de
dissolution, ou mieux détruisaient l'adhérence des
molécules qui composaient les calculs ou graviers,
mais sans décomposition proprement dite.

Voici, d'ailleurs, une expérience qui a été faite par
mon père. Il a exposé, pendant un an, des calculs
de différents poids et de différente nature, dans le
réservoir de l'établissement. Lorsqu'il voulut les retirer, il en retrouva une partie ayant conservé le
même poids, la même dureté et la même couleur ;
il n'y eut que ceux à base de chaux qui étaient tom-
bés en détritus, et que, pour cette raison, il ne put
soumettre à l'expérience pour savoir s'ils avaient
conservé le même poids et le même volume.

2° Catharres de vessie.

La manière dont je viens d'expliquer l'action des

---

[1] Chez l'individu qui nous a fourni cette observation, pas plus que chez
ceux qui en ont fourni de semblables, on n'a jamais eu de symptômes de
gravelle dans les reins.

eaux de St-Sauveur dans les cas d'affection calculeuse me dispenserait à la rigueur de traiter un état
pathologique dont j'aurais pu intercaler les observations avec les premières. Les eaux agissent contre les
catharres de vessie de la même manière : elles réussissent dans cette maladie à cause de leurs propriétés
diurétique et tonique si favorables chez les graveleux.
J'aurais bien ici l'occasion de parler des effets des
injections dans la vessie, à l'aide d'une sonde à double coulant, mais ce mode d'administration des eaux
est si rarement employé que je ne m'en occuperai
pas. Je me contenterai, par conséquent, de citer quelques observations sans commentaire aucun.

SIXIÈME OBSERVATION.

M. le marquis de L***, de Pampelune, âge de 35
ans, tempérament lymphatique-nerveux, avait eu trois
gonorrhées successives, qui toutes furent traitées par
les injections astringentes. La dernière, plus rebelle
que les précédentes, fit entreprendre au malade le
voyage de Montpellier pour y consulter un médecin.
Le professeur distingué, aux soins duquel il se confia,
crut que l'écoulement plutôt muqueux que purulent
que présentait le malade, tenait à un état de débilitation des organes. Le jet d'urine était très-petit, quel-
quefois biffurqué, mais sans douleur. Il sonda le
malade et reconnut des rétrécissements qu'il cauté-
risa à plusieurs reprises. Il soumit de plus le sujet à
un traitement plus hygiénique que médicamenteux.

Après deux mois de cette médication, l'écoulement

avait cessé. Les urines coulaient à plein jet, et le malade se croyait guéri, lorsqu'il est pris subitement de
douleurs correspondant au sphincter de la vessie,
avec un écoulement excessif d'un mélange de pus et
d'une matière albumineuse, l'appétit presque nul, et
les fonctions digestives se faisant fort mal. Les souffrances devenaient intolérables chaque fois qu'il allait
à la selle. Il dépérissait de plus en plus tous les jours.
Plusieurs médecins ayant été réunis, il fut décidé que
le malade ferait le voyage des Pyrénées pour faire
usage des eaux sulfureuses. Celles de St-Sauveur furent préférées, comme les plus analogues au tempérament du sujet. Lorsqu'il arriva, il était pâle, pen-
sif, dans une inertie presque complète. Son écoulement était tellement abondant qu'il trempait trois ou
quatre serviettes par jour; ses urines bourbeuses. Il
fut mis à l'usage des bains les plus tempérés et de
l'eau ferrugineuse de Viscos pour boisson. Il lui fut
conseillé de faire, durant son bain, des injections
urétrales fréquentes. Sous l'influence de ce traite-
tement, joint à une alimentation tonique et un exercice modéré, il y avait du mieux le dixième jour.
L'écoulement avait beaucoup diminué, le moral s'é-
tait raffermi. Le malade conçut l'espoir d'une guérison dont il désespérait avant. Depuis cette époque,
le bien fut toujours croissant, et deux mois de ce traitement suffirent pour obtenir une guérison complète.
Nous avons vu depuis lors M. le marquis de L*** régulièrement toutes les saisons à St-Sauveur, dans un
état parfait de santé.

7me OBSERVATION.

M. S***, de St-Girons, âgé de 30 aus, tempérament
sanguin, constitution robuste, docteur en médecine,
avait contracté, pendant ses études, une affection sy-
philitique qui fut guérie ; mais des rétrécissements
urétraux s'en suivirent. On les traita par la cautérisation à dix ou douze reprises différentes. Les légers accidents que ces rétrécissements causaient au malade,
furent, après les diverses cautérisations, remplacés par
un écoulement muqueux très-abondant et continuel.
M. S*** employa vainement les eaux d'Ussat pendant
toute une saison. Un de ses confrères de Toulouse
l'engagea à faire l'essai de celles de St-Sauveur. Il
suivit ce conseil. Il arriva dans ce dernier établissement, ayant conservé l'image de la santé la plus parfaite, mais son moral affecté au dernier degré. Des
idées de suicide même s'étaient emparées de lui. Ses
urines faciles et toujours très-bourbeuses ; point de
douleur, mauvais sommeil ; l'appétit bon, quoique les
digestions fussent laborieuses. On le mit à l'usage des
bains à 33° centigrades ; il faisait des injections durant l'immersion. L'eau de la source en boisson lui
fut prescrite, ainsi qu'une alimentation tonique et des
pilules savonneuses de temps en temps pour faciliter
les digestions qui étaient pénibles. On lui conseilla
aussi la fréquentation de la société comme diversion
à ses idées malheureuses.

Le malade conservant soigneusement ses urines,
s'aperçut, après quelques jours de ce traitement,
qu'elles déposaient moins, que leur couleur avait

changé. Il commença alors à concevoir quelque espérance ; il devint moins soucieux et n'aima plus autant la solitude. Ce mieux augmenta progressivement pendant les deux mois qu'il passa à St-Sauveur. Le malade partit après ce laps de temps à peu près guéri. Nous l'avons vu revenir la saison suivante, mais sans nécessité, et parfaitement rétabli.

8ᵐᵉ OBSERVATION.

M. N***, consul à Marseille, âgé de 60 ans, tempérament bilieux, constitution qui paraissait avoir été très-forte, avait subi, deux ans avant son arrivée à St-Sauveur, l'opération de la taille. Son frère atteint d'une affection herpétique, se rendit dans notre Établissement thermal, comme moyen préparatoire à l'usage des eaux de Baréges. Le premier fit part à mon père, qui les voyait chaque jour, des accidents qu'il éprouvait. Il attribuait d'abord à son âge avancé, et surtout à l'opération qu'il avait subie, les envies très-fréquentes d'uriner, la nécessité où il était de porter continuellement une bouteille pour recevoir les urines qu'il perdait involontairement ; le dépôt considérable et très-fétide qu'elles produisaient, les douleurs sourdes, plutôt incommodes que souffrantes qu'il ressentait dans la vessie, et qui se prolongeaient jusqu'au gland, tout cela datait de l'époque de l'opération. D'après ces symptômes et l'âge du malade, son médecin ordinaire était persuadé qu'il n'avait rien à faire et qu'il devait patiemment supporter son mal. Il lui avait simplement indiqué un régime à suivre. Mon père l'enga-

gea à prendre quelques bains, persuadé d'avance
qu'il ne s'en trouverait pas plus mal, et ne se doutant
certes pas du bien qu'il devait en éprouver. Malgré
la grande antipathie du malade pour toute espèce de
remède, il se soumit cependant à employer les eaux
en bains et boisson. Mais il en ressentit un si grand bien,
que lorsque son frère partit pour Baréges, lui voulut
rester à St-Sauveur. Il y passa encore un mois, et
partit de cet Établissement dans un état aussi satisfaisant que son âge le permettait.

3° Leucorrhée. — Métrorrhagies asthéniques.

Voici un genre de maladies qui se présente fréquemment, qui nous fournit même la plus grande
partie des malades qui fréquentent l'établissement
thermal de St-Sauveur. L'action tonique et vulnéraire
de la source est des plus actives contre les leucorrhées
et mérite réellement la confiance des sujets si nombreux qui viennent lui réclamer ces vertus si favorables contre cette affection.

9ᵐᵉ OBSERVATION.

Mᵐᵉ B***, de Bordeaux, âgée de 36 ans, tempérament lymphatique-nerveux, avait des fleurs blanches
depuis sept ans. Cette perte était la suite d'un accouchement très-laborieux. Elle présentait une ulcération
au col de l'utérus, et prolapsus de cet organe. La
menstruation était régulière, mais moins abondante

que dans l'état normal, et précédée de douleurs vio-
lentes et de gonflement de l'abdomen. On avait employé contre cette leucorrhée, et suivant les symptômes qui se présentaient, des bains de siége, des injections astringentes et narcotiques, des frictions
mercurielles et belladonnées, des lavements émollients,
des applications de sangsues, des vésicatoires et des
synapismes; et ses diverses médications n'avaient produit aucun résultat satisfaisant. A son arrivée, elle
fut mise à l'usage des bains à 35° centigrades. Des
douches ascendantes vaginales lui furent prescrites,
et des injections pendant la durée du bain, On lui
conseilla l'usage du café de glands de chêne chaque
matin et l'eau ferrugineuse de Viscos pour boisson.

Après un mois et demi de ce traitement, la leucorrhée avait cessé, et la malade était dans un état de
santé très-satisfaisant.

<hr>

10me OBSERVATION.

Mme C***, d'Areis, âgée de 26 ans, tempérament
lymphatique-nerveux, constitution délicate, femme
de ménage, était atteinte de fleurs blanches depuis
l'époque de son mariage qui remontait à 5 ans. Elle
n'avait point eu d'enfants, elle croyait cependant
avoir eu une fausse couche. Elle vint à St-Sauveur
avec des douleurs très-intenses aux fosses iliaques,
sans gonflement, grande faiblesse de la colonne ver-
tébrale, sensibilité extrême des parties génitales, Le
toucher faisait reconnaître un léger abaissement de
l'utérus, et la déviation de cet organe à gauche. On

avait employé des bains domestiques, des injections émollientes et narcotiques, etc., mais sans succès. A son arrivée, elle fut mise à l'usage des bains à 31° centigrades, des douches ascendantes et de l'eau ferrngineuse en boisson. Après cinq semaines de ce traitement, cette malade partit de l'Établissement très-bien rétablie.

11ᵐᵉ OBSERVATION.

Mᵐᵉ C***, de Toulouse, âgée de 30 ans, tempérament lymphatique très-prononcé, constitution assez forte, femme de ménage, était atteinte de leucorrhée depuis 7 ans. Elle avait eu, à cette époque, un accouchement très-heureux. Elle présentait une ulcération au col de l'utérus, prolapsus de cet organe qui était le siége de douleurs très-violentes, menstruation irrégulière et douloureuse, impossibilité de marcher et de rester debout, jambes très-faibles quoique ayant conservé leurs proportions musculaires, teint satisfaisant, appétit bon, mais les digestions pénibles. On avait voulu combattre la maladie de ce sujet par des demi-bains émollients et narcotiques, des injections de même nature, la cautérisation. Plus tard, on conseilla les bains d'Ussat, dont Mᵐᵉ C*** fit usage pendant trois saisons successives. Rien ne produisit le plus léger amendement. Cette malade vint à St-Sauveur, et les bains à 32° centigrades, les injections, les douches ascendantes, continués pendant deux mois régulièrement, la guérirent très-bien de son affection.

12me OBSERVATION.

Mlle D***, de Toulouse, âgée de 36 ans, tempérament bilieux-nerveux, constitution assez forte, était
atteinte de leucorrhée depuis deux ans, et sans qu'elle
pût la rapporter à aucune cause. Son état était : dé-
bilité d'estomac, anorexie, pâleur, maigreur, douleur
aux fosses iliaques, menstruation irrégulière, palpitations de cœur. On avait essayé de combattre ces divers symptômes par des bains domestiques, les préparations ferrugineuses, de digitale, et l'application
de sangsues. L'état de la malade ne changeant pas,
on lui conseilla deux saisons successives, les bains
d'Ussat. L'usage des eaux de cet établissement thermal ne fut pas plus favorable que le premier traitement. Elle vint alors à St-Sauveur, toujours dans le
même état. Les bains à 31° centigrades, l'eau ferrugineuse de Viscos en boisson, les douches ascendantes,
l'exercice à cheval ramenèrent cette malade à la santé
après six semaines de cette médication.

13me OBSERVATION.

Mme D***, de Paris, âgée de 40 ans, tempérament
sanguin-nerveux, constitution qui paraissait avoir été
forte, mais qui se trouvait usée par les exigences auxquelles la soumettait la société à laquelle elle apparte-
nait, arriva à St-Sauveur atteinte de métrorrhagie
passive. L'écoulement du sang avait lieu sans douleur,
sans apparence de congestion. La malade était dans
un état d'asthénie général. Les toniques, les excitants

pris intérieurement, un bon régime, à l'extérieur tout
ce qu'on peut employer sur les parties les plus voisines pour ranimer l'action de la matrice, rien n'avait
amené le moindre résultat favorable. La perte conti-
nuait, la malade dépérissait de jour en jour. Il fut
alors décidé qu'elle se rendrait à St-Sauveur pour
tenter l'effet de cette source sulfureuse. Elle commença par se baigner à 30° centigrades. Durant le
bain, elle fesait quelques injections vaginales. L'eau
ferrugineuse de Viscos pour boisson fut prescrite ainsi
qu'un régime tonique. Ce traitement, après un temps
assez court, amena une légère amélioration qui aug-
mentant de jour en jour, décida mon père à faire
prendre des douches ascendantes à la malade, moyen
qu'il n'avait encore osé employer. Ces douches pro-
duisirent des effets si heureux que la malade se permit
d'en prendre de plus que celles qu'on lui permettait.
Des accidents de congestion vers la matrice furent
provoqués; les bains sulfureux durent être remplacés
par des bains émollients, et les douches par des injections de même nature; l'application de sangsues fut
nécessaire; cet état de l'utérus fut avantageusement
combattu à l'aide de ces moyens, et la malade put
reprendre l'usage de la première médication qu'elle
suivit avec docilité six semaines encore. Elle partit de
l'Établissement dans l'état de santé le plus satisfaisant.

14me OBSERVATION.

Mme T***, de Toulouse, âgée de 42 ans, tempérament lymphatique-nerveux, constitution assez forte,

était depuis quelques mois sujette à une métrorrhagie passive. Elle en offrait tous les symptômes et présentait de plus un ulcère au col de l'utérus. Les traitements qu'on emploie contre cette maladie avaient été employés en vain. Elle arriva, d'après le conseil de son médecin, à St-Sauveur, pour faire usage des eaux. Des bains à 31° centigrades, des injections avec l'eau de la source, des douches ascendantes, la boisson de l'eau ferrugineuse de Viscos, et une alimentation tonique la rendirent à la santé dans l'espace de 35 jours.

<hr />

15me OBSERVATION.

Mme de G***, d'origine italienne, âgée de 36 ans, tempérament nerveux, constitution délicate, était depuis long-temps traitée sans succès pour une métrorrhagie. Elle vint à St-Sauveur avec son médecin qui lui faisait subir, pendant qu'elle prenait les bains, un traitement convenable contre une hémorrhagie active. A l'époque de ses menstrues, que la malade redoutait beaucoup, la perte était si considérable qu'il y avait des syncopes. Mon père, qui ne fut consulté qu'un mois après que la malade fut arrivée dans l'Etablissement, prescrivit un régime et une médication tout-à-fait opposés aux premiers. Il éprouva beaucoup de résistance, mais on finit cependant par se soumettre à ses prescriptions. Il conseilla un régime tonique, la boisson de l'eau de Viscos et la continuation des bains. Dès les premiers jours, le bien fut sensible. Au retour de ses époques, la malade n'éprouva plus les mêmes accidents; et, après un mois et demi de ce traitement, elle partit guérie. Elle a eu depuis lors deux enfants.

Affections nerveuses. — Chlorose.

Nous l'avons déjà dit, il existe entre l'hœmatose et l'innervation des relations si intimes, que l'un de ces systèmes ne souffre jamais sans que cette maladie n'en détermine une correspondante chez l'autre. De la simultanéité d'action de la circulation et de la sensibilité nerveuse résulte tout ce qui se passe dans l'organisme. Ces deux fonctions commencent avec la vie, finissent avec elle, et de leur intégrité dépend la santé des organes, l'équilibre vital. On ne s'étonnera donc pas que je confonde dans une même classe les observations qui nous démontreront l'action des eaux de St-Sauveur dans les cas d'affections nerveuses et chlorotiques. Je choisirai même de préférence des exemples qui offriront, chacun, la preuve de ces deux actions. J'établirai cependant une division pour les cas de tics et rhumatismes nerveux.

16me OBSERVAVION.

Mlle B***, des environs de Bordeaux, âgée de 18 ans, tempérament lymphatique-nerveux, constitution assez forte, avait été dirigée sur Cauterets. Après avoir pris une quinzaine de bains sans obtenir le moindre résultat, sur le conseil d'une personne de sa connaissance, elle se rendit à St-Sauveur. A son arrivée dans ce dernier Établissement, elle présentait une décoloration complète des joues, des lèvres, une sensibilité extrême au moindre froid, un pouls faible et lent, des palpitations au moindre exercice, et, ce qu'il y avait de plus fâcheux, une gastralgie qui ne permettait aucune digestion, car, sitôt qu'elle prenait la moindre nourriture, elle en vomissait la plus grande partie. A l'aide des traitements préconisés contre cet état, les symptômes, les accidents, au lieu de diminuer, avaient toujours augmenté d'intensité. Mlle B*** se baigna à 33° centigrades; on lui prescrivit l'eau ferrugineuse de Viscos pour boisson, et une tasse de café de glands de chêne à prendre chaque matin. Dès le premier bain, et malgré la crainte que cette conduite inspirait à la mère de cette demoiselle, il fut exigé que, dix minutes après l'immersion, la malade ferait son déjeuner au bain même. Les aliments qu'elle prit furent supportés avec quelque peine, il est vrai, mais elle n'en rejetta pas la moindre partie. Les bains suivants, elle éprouva successivement moins de peine à supporter l'ingestion; enfin, dans l'espace de huit jours, elle fit ses repas comme dans l'état de santé, et sans éprouver le moindre accident. Après un mois de séjour à St-Sauveur, Mlle B*** partit dans un état très-satisfaisant. Les symptômes les plus fâcheux ne se montraient plus. La pâleur existait toujours; il était à désirer pour elle qu'elle eût pu prolonger son séjour au moins d'une quinzaine.

17.me OBSERVATION.

—

Mlle R***, de Mont-de-Marsan, âgée de 18 ans, tempérament lymphatique-nerveux, constitution délicate, atteinte de chlorose depuis six mois, époque à laquelle elle eût une suppression subite de la menstruation, occasionnée par un violent chagrin, était, à son arrivée, dans l'état suivant : grande pâleur, dyspnée, palpitations de cœur provoquées par le moindre exercice, fluxion périodique paraissant chaque mois, mais d'une manière indéterminée, perte moins prolongée et moins abondante que précédemment. On avait employé les applications de sangsues, les ferrugineux, les demi-bains domestiques; mais pas la moindre amélioration n'avait résulté de ce traitement. Il lui fut alors conseillé de se rendre à St-Sauveur; elle y prit des bains à 33° centigrades, des douches dirigées sur la partie interne des cuisses; on lui prescrivit, en outre, la boisson de l'eau ferrugineuse de Viscos, l'exercice à cheval. A l'aide de ce traitement, la malade quitta l'établissement après trente-cinq jours; elle était très-bien rétablie.

———

18.me OBSERVATION.

—

Mlle C***, de Rennes, âgée de 20 ans, tempérament nerveux, constitution délicate, se trouvait dans l'état le plus alarmant qui puisse résulter d'une chlorose. Les médecins cherchaient en vain à combattre depuis long-temps cette affection; aucun traitement ne produisait même un léger soulagement. Une consultation fut provoquée ; elle décida qu'après tout ce qui avait été fait, il ne restait plus que l'essai des eaux sulfureuses naturelles. La source de St-Sauveur eut la préférence. L'état de la malade, à son arrivée, était tel que la moindre action produisait un évanouissement ; sa seule nourriture consistait en fort peu de lait, heureuse encore lorsqu'elle pouvait en faire la digestion. L'espoir d'une cure était impossible ; cependant, à l'aide du traitement que nous voyons se répéter dans toutes les observations précédentes, cette malade, après deux mois et demi de séjour à St-Sauveur, se livrait à presque tous les exercices de son âge ; ses fonctions s'étaient bien rétablies. L'année d'après, nous apprîmes, par des personnes que sa guérison attira aux eaux de St-Sauveur, qu'elle était mariée.

19ᵐᵉ OBSERVATION.

M. V***, de La Réole, âgé de 25 ans, tempérament sanguin-nerveux, constitution délicate, fut dirigé sur St-Sauveur par son médecin, plutôt pour procurer un peu de distraction à ce malade que dans l'espoir de le guérir de son état chlorotique. Il présentait à son arrivée une gastralgie assez intense, et des palpitations de cœur continues. Les traitements antispasmodiques et toniques qu'on employait depuis long-temps, n'avaient pu enrayer la marche rapide de la maladie vers le marasme et l'anémie. Dès son arrivée, il fut mis à l'usage des bains à 32° centigrades et de la boisson de l'eau ferrugineuse de Viscos. Les premiers bains firent presque disparaître les palpitations; la gastralgie se montra toujours avec la même intensité jusque vers le quinzième bain; mais, depuis cette époque, le malade vit, chaque jour, son état devenir meilleur, et surtout à partir du vingtième, et alors que des hémorroïdes se déclarèrent; on favorisa cette crise à l'aide de quelques douches sur l'anus. M. V***, après trois trois mois de séjour à St-Sauveur, partit de l'Établissement, avec une santé parfaite.

Tics et Rhumatismes nerveux.

Tics nerveux.

20me OBSERVATION.

Mme D***, d'Agen, âgée de 40 ans, tempérament lymphatique-nerveux, constitution délicate, offrait, depuis un an, un double tic nerveux siégeant sur les deux tempes. Elle attribuait son mal à un accouchement très-laborieux, à la suite duquel était venu un engorgement des membres abdominaux, et des abcès qui se succédèrent pendant six mois, et, plus tard, l'atrophie de la cuisse et de la jambe droite.

Le tic nerveux fut cependant le seul but de son voyage. On avait essayé de le combattre par des sangsues, des vésicatoires locaux et révulsifs, des liniments narcotiques, etc. Rien n'avait soulagé la malade. Les bains à 32° centigrades sur le siége de l'affection nerveuse, des douches alternées d'eau de la source et d'eau naturelle froide, la délivrèrent dans l'espace d'un mois de toute douleur. Elle eut, de plus, après ce temps, l'avantage de retrouver le mouvement dans le membre atrophié.

21ᵐᵉ OBSEVATIQN.

—

Mᵐᵉ M**', de Morlàas, âgée de 25 ans, tempérament sanguin-nerveux, constitution forte, avait un double tic nerveux siégeant aux régions temporales; il s'était déclaré, depuis deux ans, sans cause connue. Toutes les fonctions organiques s'exécutaient bien. Les calmants, les narcotiques, les vésicatoires, tout ce qu'on emploie en pareille circonstance, n'avaient jamais produit le moindre soulagement. Les bains à 33° centigrades, les douches chaudes et froides alternées, guérirent cette affection dans vingt-cinq jours.

22ᵐᵉ OBSERVATION.

—

Mˡˡᵉ D***, de St-Sever, âgée de 24 ans, tempérament lymphatique-nerveux, constitution assez délicate, présentait un tic nerveux de la partie faciale gauche. Durant les crises qu'elle éprouvait fréquemment, il y avait une contraction si forte des muscles de la région cervicale du même côté que la tête était presque retournée. Cette affection était survenue depuis environ dix-huit mois sans cause connue, et combattue, depuis cette même époque, à l'aide de tous les traitements préconisés, sans le moindre succès.

Cette malade se rendit à St-Sauveur, où les eaux
la délivrèrent de ses douleurs dans l'espace d'un mois
et demi. On lui fit prendre des bains à 33° centigrades, des douches froides et chaudes alternées sur la
partie malade, et des douches simples d'eau sulfureuses sur la partie opposée. Ces dernières furent employées pour tonifier les muscles antagonistes a ceux
qui éprouvaient des spasmes.

Rhumatisme nerveux.

23ᵐᵉ OBSERVATION.

M. L***, de Bordeaux, âgé de 40 ans, tempérament
bilieux-nerveux, constitution délicate, se rendit à
St-Sauveur pour prendre quelques bains, comme
moyen préparatoire à l'usage des eaux de Baréges.
Il était atteint d'un rhumatisme à l'articulation du
coude droit, s'irradiant sur l'avant-bras et la main.
Les différents moyens employés pour combattre cet
état n'ayant procuré aucun bon résultat, divers
médecins furent consultés, et les eaux sulfureuses
lui furent prescrites. A son arrivée dans l'établissement de St-Sauveur, il prit des bains à 33° centigrades, et des douches sur la partie affectée. Après
vingt jours de ce traitement, le malade se trouvait
déjà très-bien. Il voulut cependant suivre l'avis de
son médecin. Il partit pour Baréges pour terminer
sa guérison commencée. Les eaux de cette source
l'irritèrent; ses douleurs se firent sentir de nouveau
aussi fortes que jamais. Il revint à Bordeaux dans le

même état qu'à son départ. L'année suivante, il entreprit de nouveau le voyage des Pyrénées, et St-Sauveur le délivra de ses rhumatismes dans l'espace d'un mois et demi. Nous voyons, chaque saison, M. L*** dans l'Établissement par reconnaissance plutôt que par besoin.

———

24me OBSERVATION.

—

M. D***, de Bordeaux, âgé de 50 ans, tempérament sanguin, constitution très-forte, souffrait d'un rhumatisme articulaire depuis trois ans. Cette maladie se compliquait des diathèses hémorroïdaire et néphrétique. Chaque fois qu'il y a perte hémorroïdale, les douleurs articulaires deviennent moindres. On avait employé, pour modifier l'état de ce malade, les bains de mer, les sangsues, les vésicatoires. Lors de l'emploi de ces diverses médications, il résultait parfois un léger soulagement, mais qui n'était que momentané. Les bains de St-Sauveur à 35° centigrades, les douches ascendantes rectales pour provoquer les hémorroïdes; la boisson de l'eau de la source avec addition de bicarbonate de soude, le guérirent de son affection dans moins d'un mois.

———

25me OBSERVATION.

—

M. B***, de Marennes, âgé de 35 ans, tempérament sanguin-nerveux, constitution assez forte, arriva à St-Sauveur, atteint d'un rhumatisme articulaire général. Les traitements antiphlogistiques et calmants employés au moment de la période aiguë avaient modifié son état, mais cependant le malade était encore loin de la guérison. A son arrivée, les articulations du poignet et du genou étaient encore empâtées, douloureuses au toucher; la peau pourtant était naturelle, la marche pénible, il pouvait à peine signer. Après l'examen, il lui fut conseillé de prendre cinq ou six bains à St-Sauveur, et de se rendre immédiatement après à Baréges. Mais, dès les deux ou trois premiers bains, M. B*** ressentit déjà un bien si extraordinaire qu'il put écrire sans peine à sa famille, promener sans douleur, ses articulations supportèrent la pression. A son dixième bain, son état avait tellement changé qu'il me proposa de me joindre à lui pour une excursion au Pic de Bergons, qu'il allait tenter à pied. Il fit cette course, n'en éprouva pas le moindre désagrément. L'action des eaux de Baréges ne fut point nécessaire comme on l'avait cru d'abord. M. B*** passa deux mois à St-Sauveur et partit très-bien guéri de son rhumatisme.

Le petit nombre d'observations que je cite, suffisent, je crois, pour prouver les propriétés particulières aux eaux de la source de St-Sauveur. L'explication de ces faits observés se trouve dans les réflexions générales que j'ai données précédemment. Pour me résumer cependant, je dirai que tous les effets produits par les eaux qui nous occupent, et dont j'ai donné quelques exemples, peuvent se rapporter à leurs vertus diurétique, tonique, vulnéraire et antispasmodique.

QUELQUES MOTS

SUR

L'ACTION DES EAUX SULFUREUSES CONTRE LES AFFECTIONS DE POITRINE,

ET EN PARTICULIER

SUR LES EAUX DE BUÉ.

L'eau de la source de Bué a une température de 17° 50 centigrades, et l'expérience sulphydrométrique m'avait donné, sur un quart de litre, 1,5 de réactif absorbé, quantité qui, d'après la table appliquée, en sulphydromètre de Dupasquier, présente 0,001,909 de soufre ; j'ai fait de nouvelles expériences ; elle n'a pas varié. M. O. Henri, membre de l'Académie impériale de médecine, a trouvé qu'elle renferme :

Bicarbonate. . . . . ⎫	
Sulfate de soude et de chaux . . . . ⎬	0,385 gr.
Chlorure de sodium. . . . . ⎭	
Oxide de fer associé à une matière organique (crénate sans doute).	0,045 —
TOTAL.	0,400 gr.

Cette analyse est extraite de l'*Annuaire des Eaux minérales de France*, de 1851.

Depuis longtemps déjà, mon père prescrivait la boisson de cette source. Les résultats inespérés qu'il me dit en avoir obtenu, ceux que j'eus l'occasion d'observer avec lui, me firent un devoir d'employer un agent thérapeutique aussi précieux contre des affections qui, dans certaines régions de la France, de l'Europe même, se multiplient et menacent de plus en plus les populations.

L'établissement thermal le plus rapproché de la source de Bué (qui tire son nom de la montagne où elle jaillit), est St-Sauveur-les-Bains; l'eau supporte parfaitement le transport, sans altération dans ses propriétés physiques et chimiques.

Connaissant la composition des diverses eaux sulfureuses, leur manière d'agir dans les états pathologiques des organes respiratoires, ces agents thérapeutiques ne peuvent que prendre de l'extension chaque jour. Aussi, je suis convaincu que Bué acquerra avant longtemps une réputation très-étendue et bien méritée, surtout si, dans un hôpital de Paris on voulait faire des expériences comparatives entre elle et les sources en renom.

Mon opinion sur son efficacité a principalement été bien établie et arrêtée, non pas par les faits nombreux que j'ai recueillis dans ma clientelle, mais par les observations que j'ai été à même de faire sur des malades étrangers venus à St-Sauveur-les-Bains, désespérés de n'avoir obtenu qu'une aggravation à leur état, par l'usage des sources dites spéciales contre les affections de poitrine. Je ne rapporte pas des faits détaillés, je ne m'abuse pas sur le degré de confiance qu'on donne généralement aux écrits sur l'hydrothérapie, mais, aux esprits les plus prévenus, je pourrai présenter des sujets atteints de pneumonies chroniques, d'hémoptysies passives, etc., et qui, par la boisson de Bué, sans l'aide d'aucun autre agent pharmaceutique, n'ont plus vu reparaître les accidents. Après leur examen, je ne doute nullement qu'ils partagent ma conviction qu'il est malheureux que cette source soit à peu près méconnue.

Comment agissent les eaux sulfureuses contre les maladies de poitrine?

Pourquoi celle de Bué doit-elle être préférée?

La solution de ces deux questions prouvera, je l'espère, la vérité des faits que je n'ai que signalés.

Les sources qui ont jusqu'à ce jour acquis le plus de réputation contre les affections pulmonaires, s'emploient en boisson. C'est, par conséquent, après avoir subi le travail de la digestion et alors que quelques-uns de leurs principes sont supposés passés dans le torrent de la circulation, qu'elles agissent sur la partie malade.

Cette opinion qui, depuis Bordeu, est la seule adoptée, ne peut exclure celle qu'une observation bien attentive et raisonnée peut former dans l'esprit du praticien. Car de la nature seule des maladies que j'ai observées chez des sujets qui viennent faire usage des eaux sulfureuses des Pyrénées, je conclus à une autre manière d'agir des eaux contre toute affection interne, hors celles dont le siége se trouve dans le tube intestinal. De plus, aucun des ingrédients entrant dans la composition des eaux n'a encore été constaté dans les sécrétions; ils ne peuvent donc être assimilés et entrer dans l'organisme; par suite, pas de passage dans la circulation après la digestion.

Dans toute maladie de poitrine, les patients éprouvent dans l'estomac, outre d'autres symptômes, une espèce de langueur, de torpeur même, qui leur fait rechercher les aliments forts et relevés, surtout les liquides. Il leur semble qu'un excitant très-actif les soulagerait. Des imprudents satisfont leurs désirs. S'ils sont soulagés, comme cela arrive parfois, c'est par la diversion instantanée qui s'établit; mais, lorsqu'elle cesse, les accidents reparaissent plus intenses et plus menaçants.

Que se passe-t-il, en effet? Ingérant dans l'estomac une matière, un aliment excitant, la circulation s'active; il s'établit une congestion vers cet organe, le poumon est dégagé, une espèce de bien-être se déclare chez le malade; mais, sitôt que l'action de la substance ingérée cesse, le flot sanguin se précipite vers l'organe affecté où le travail morbide le rappelle. Voilà les effets de l'excitant local.

Lorsque la substance est, au contraire, un excitant général, le mieux que ressent le malade est produit par l'orgasme; dans ce cas, les accidents sont d'autant plus terribles qu'il est plus actif. Les eaux sulfureuses peuvent agir à la manière d'excitant local et général, suivant le tempérament et le degré de susceptibilité nerveuse ou sanguine du sujet.

En général, lorsqu'un malade se détermine, ou qu'un médecin même l'engage à faire usage des eaux sulfureuses contre une affection pneumonique, l'appareil gastro-intestinal présente des symptômes non équivoques d'atonie, parfois compliqués d'un état nerveux; dans ce dernier cas, les commotions sont provoquées avec la plus grande facilité dans tout le tube digestif. Les spasmes provoqués peuvent presque arrêter la circulation dans ces régions; elle devient

alors plus active dans les autres organes ; quelque rapide que soit l'action, l'effet est produit. On ne peut
expliquer différemment les accidents fréquents, comme
crachement de sang, dyspnées, etc., qui surviennent
au début de l'emploi des eaux sulfureuses chez les
sujets malades de la poitrine. Et comment n'expose-
rait-on pas les malades atteints de ce genre d'affection
à des accidents, ne tenant compte ni des caractères
de la maladie, ni de la cause déterminante ou essen-
tielle, ni des symptômes concomitants qui se présentent dans d'autres organes ? L'idiosyncrasie pathogé-
nique fait que les mêmes causes produisent des effets
opposés ; l'homme de l'art l'oublie trop souvent dans
le traitement hydro-minéral.

Ces quelques lignes suffisent, je crois, pour l'explication de la théorie des congestions par diversion qui,
dans l'emploi des eaux sulfureuses, peut être appelée
la partie matérielle, mécanique, du traitement. Elle
est bien simple, et la partie comprenant les phénomènes vitaux n'est pas moins simple ni moins convain-
cante.

« Cette rosée bienfaisante déposée par la circulation
» sur les plaies intérieures, » est une expression poéti-
que du célèbre Bordeu, pour mieux faire comprendre
et encourager les malades à user d'un agent médical
offert par la nature. Pour le médecin, cette rosée n'est
autre chose que la vitalité du sang accrue, les éléments
qui la composent modifiés et augmentés par le béné-
fice des bonnes digestions provoquées et entretenues
par le choix bien raisonné et l'emploi bien dirigé d'une
source sulfureuse.

Tout le tube intestinal présente chez les phthisiques au dernier degré, un état particulier, s'il faut du moins s'en rapporter à l'état de la muqueuse buccale comme dans les autres maladies gastro-intestinales. La langue est humide, quoique d'un rouge particulier et différent du rouge inflammatoire. Les aliments ne subissent pas de travail digestif; ils traversent le tube intestinal. La consomption arrive, la mort suit de près. J'ai vu souvent faire des autopsies de morts phthisiques, mais je n'ai jamais vu poursuivre les investigations hors de la cavité thoracique. Les voies digestives jouent cependant, j'en suis convaincu, un rôle important dans la marche des maladies de poitrine. Cet état pathologique-grastrique que je viens de signaler, existant à la dernière période des phtihsies, marche simultanément avec la maladie première. Ils doivent avoir l'un sur l'autre une réciprocité d'effets. Cette maladie intestinale doit se déclarer alors que la chronicité commence dans la lésion pneumonique. Elle suit les périodes de cette dernière et s'aggrave comme elle. Il existe des effets sympathiques. Les digestions commencent à se mal faire; l'organisme s'affaiblit, et lorsque la nature lutte contre la maladie de poitrine, l'aide principal lui fait défaut. Le sang perd de sa vitalité par suite de son lent renouvellement. Ses principes s'altèrent. Un sang tel que celui d'une personne sous le poids d'une longue maladie de l'appareil nutritif n'est pas apte à la cicatrisation, et si on ne rétablit les fonctions digestives, la faiblesse qui survient forcément est un nouvel agent pour précipiter un dénouement funeste.

L'emploi bien dirigé des eaux sulfureuses naturelles est un des meilleurs moyens, je puis même dire le meilleur, contre les lésions ou maladies gastro-intestinales chroniques, nerveuses et atoniques.

Quant à la réponse à la seconde question, l'analyse seule de la source de Bué nous indique les résultats qu'on peut retirer de son usage; elle contient un élément qui doit la faire préférer aux autres pour la boisson. C'est la seule eau sulfureuse des Pyrénées qui contienne du fer. Par conséquent, outre la vertu spéciale aux principes sulfureux et autres que contiennent les autres sources, celle-ci possède une substance qui s'assimile parfaitement et qu'on retrouve dans nos téguments, et personne n'ignore les secours thérapeutiques rendus par les composés de fer dans bon nombre de maladies du ressort des sources sulfureuses.

Améliorations à faire à St-Sauveur.

La source unique qui alimente l'Établissement fournit 144 mètres cubes dans les 24 heures, soit 6 mètres cubes par heure. Le réservoir n'a qu'une capacité de 10 mètres cubes; il se remplit donc dans 1 heure 40 minutes. Les baignoires sont en marbre, très-grandes, et leurs parois d'une épaisseur très-forte; elles offrent par conséquent toutes les conditions pour favoriser la perte du calorique. Le baigneur est forcé, pour maintenir le milieu dans lequel il se trouve plongé à une température uniforme, de renouveler une partie de l'eau. Mettant toute la bonne volonté et la surveillance la plus rigoureuse, il se consomme, pour chaque série de bains (les seize baignoires fonctionnant), au moins 8 mètres cubes d'eau. Est-il possible d'établir un service régulier et à l'abri de toute récrimination? Je pourrais donner d'autres raisons; celle-ci est mathématique; je m'en tiens à elle et suffira, je pense, pour prouver l'urgence de ma demande, c'est-à-dire établir des baignoires plus petites et à parois plus minces, ou bien en confectionner en bois ou en cuivre étamé, à pouvoir placer dans l'intérieur de celles qui existent, et, dans l'un ou l'autre cas, changer le système des robinets, en établir, comme on le fait partout avec raison, qui déversent l'eau de bas en haut.

Il viendra peut-être à l'idée de quelques-uns d'agrandir le réservoir; je ne sais même si cela n'a été proposé. Ce serait la pire des choses qu'on pourrait faire. L'eau de cette source n'étant déjà pas d'une température très-élevée, cet agrandissement, par la plus grande surface qu'il mettrait en contact avec l'eau, serait une condition pour lui faire subir une déperdition de chaleur plus forte que celle qu'elle subit aujourd'hui.

Il s'agit, au contraire, d'un travail ou mieux d'une amélioration qui lui conservera au moins deux degrés centigrades, et qui fera que, sortant du réservoir pour être utilisée dans les baignoires, l'eau aura une température uniforme, chose qui ne peut exister maintenant, si le trop plein du réservoir actuel a coulé pendant un certain temps.

Qui ignore cependant ce principe de physique, que

l'eau la plus chaude surnage? Personne ne mettra non plus en doute que les eaux sulfureuses, en contact avec l'air, subissent une certaine décomposition, sans parler encore des influences atmosphériques. Pourquoi n'avoir pas obvié à ces inconvénients jusqu'à ce jour.

Ce n'est certes pas la forte dépense que cela entraînerait qui peut devenir un obstacle ; un simple tube en plomb partant du fond du réservoir, recourbé en siphon au niveau supérieur, est tout l'appareil nécessaire à cet effet; autrement dit, appliquons la théorie des vases communiquants, et nous arriverons à conserver l'eau la plus chaude, à ne plus laisser fuir les vapeurs, et à prévenir l'action du contact de l'air. La source restera, de cette manière, dans les conditions où elle se trouve dans les cavernes qu'elle traverse au centre de la terre, rien ne favorisera la perte de ses propriétés physiques et chimiques.

Il y a déjà quelques années qu'il a été demandé d'agrandir l'établissement de St-Sauveur. La vallée, pour terminer un procès, était forcée d'acquérir une très-faible partie de la maison contiguë à l'aile droite du bâtiment lui appartenant. Elle a été autorisée à en acheter autant qu'il en faut pour utiliser l'emplacement. Elle n'a pas acquis beaucoup, il est vrai, mais on peut cependant, sur un local de cinq mètres de façade sur vingt-deux mètres de profondeur, élever les constructions nécessaires pour ne plus perdre une goutte d'eau. On trouvera, peut-être, ma proposition extraordinaire ou surannée, si l'on se rappelle que j'ai déjà prouvé que la source était insuffisante. Nous

avons peu, mais encore profitons de ce peu comme
nous pouvons le faire et comme l'intérêt général nous
en fait une loi.

Que ferons-nous si le nombre des baigneurs aug-
mente à St-Sauveur, en proportion de ce que nous
avons constaté chaque fois qu'une ligne ferrée se rap-
proche d'un pays? Utilisant tout ce que fournit la
source, pourrons-nous donner assez de bains aux malades qui viendront réclamer ses effets si bienfaisants
contre des affections qui se propagent de plus en plus?
Ceux qui se rendent dans cette station thermale ne
peuvent, en général, être exposés impunément aux
nuits froides des Pyrénées; aussi, à St-Sauveur, l'É-
tablissement ne fonctionne-t-il que de cinq heures du
matin à dix heures du soir; restent sept heures durant lesquelles l'eau se perd. Cette perte représente
42 mètres cubes. Avec cette quantité bien captée et
bien aménagée, on donnerait facilement quatre-vingts
à cent bains à des températures variant de 32 à 25°
centigrades. A cet effet, il faudrait construire deux
réservoirs d'une capacité de 22 mètres cubes chacun;
ils recevraient l'eau du trop plein et serviraient à alimenter six à huit baignoires. Le local acquis se prête
très-bien à la confection de ce travail, ainsi qu'à la
création de nouvelles douches plus fortes que celles
que nous avons et dont tout le monde reconnaît la
nécessité.

N'oublions pas les salles d'inhalation; il est malheureux qu'on n'ait pas encore cherché à utiliser des
vapeurs aussi richement minéralisées que celles qui se
dégagent de notre source.

Ces divers travaux pourraient être terminés d'ici à la saison prochaine. Il serait temps qu'on voulût sortir de cette apathie qui nous perdra. Partout ailleurs on se met à la hauteur des exigences du monde et de la science, nous seuls restons ce que nous avons toujours été.

www.ingramcontent.com/pod-product-compliance
Lightning Source LLC
Chambersburg PA
CBHW071517200326
41519CB00019B/5962